Anweiler / Pahlkötter
Typenkompass
Panzer der Bundeswehr
seit 1956

Typen
kompass

Karl Anweiler
Manfred Pahlkötter

Panzer

der Bundeswehr seit 1956

Motor
buch
Verlag

Einbandgestaltung Dos Luis Santos

Fotos: Archive Karl Anweiler, Manfred Pahlkötter

ISBN 978-3-613-02851-7

2. Auflage 2009

Sie finden uns im Internet unter
www.motorbuch-verlag.de

Lektorat: Joachim Kuch
Innengestaltung: Bernd Peter
Reproduktionen: digi Bild reinhardt, 73037 Göppingen
Druck und Bindung: Kessler Druck und Medien, 86399 Bobingen
Printed in Germany

Inhalt

Gepanzerte Kettenfahrzeuge der Bundeswehr

Seit nun mehr als 50 Jahren existiert die Panzertruppe der Bundeswehr. Aus bescheidenen Anfängen mit zum Teil veraltetem US-Gerät, wurde sie zu einer Truppengattung, die sowohl bei Natopartnern, als auch bei Nicht-Mitgliedstaaten hohes Ansehen genießt. Deutsche Firmen mit ihren Produkten, wie dem Leopard 1 und 2, der Panzerhaubitze 2000, dem Schützenpanzer Marder und PUMA (um nur einige zu nennen) zählen zu den führenden Herstellern von Panzerfahrzeugen der Welt. Durch die vertraglich vorgegebene Truppenreduzierung (KSE) und neue weltweite Aufgaben verliert die Panzertruppe an Bedeutung. Dies führte insbesondere in den 90er Jahren zu einer massiven Reduzierung von schweren Panzerfahrzeugen (Leopard 1 + 2) in den deutschen Panzerverbänden. In absehbarer Zeit verbleiben bei der aktiven Truppe nicht mehr als 350 schwere Kampfpanzer Leopard 2A6/M. Ob damit der Verteidigungsauftrag noch sinnvoll zu erfüllen ist?

Die Entstehung der Panzertruppe der Bundeswehr

Die Bundeswehr sollte, so sah es die Planung von 1955/56 vor, aus sechs Panzerdivisionen und sechs Infanteriedivisionen bestehen, die mit ca. 6000 Panzerfahrzeugen (leicht und schwer) ausgerüstet werden sollten. In ersten

Der Boxer, die neueste Radpanzer-Entwicklung von Krauss-Maffei Wegmann als Luchs-Ersatz, steht für die neue Generation von Panzern.

Foto: Krauss-Maffei Wegmann & Co. Kg

Schritten (als Heeresstruktur 1 bezeichnet) wurden im Jahr 1956 die Divisionen 1 bis 5 aufgestellt. Im Laufe der kommenden Jahrzehnte sollten sich diese Planungen und Sollstärken jedoch durch dem gesellschaftlichen Wandel angepasste Heeresstrukturen stetig ändern.
Bei Aufstellung der Bundeswehr erfolgte die Erstausstattung hauptsächlich mit leichten und schweren Kampfpanzern aus amerikanischen Depotbeständen, die sofort und in großen Stückzahlen zur Verfügung standen. Auch der Kaufpreis spielte eine Rolle, da sich die Bundesrepublik noch im Aufbau befand und Geldmittel knapp waren.
Bei Panzerfahrzeugen wurde auf den leichten US-Kampfpanzer M 41 und den mittleren Kampfpanzer M 47, bei Sonderfahrzeugen auf den Transportpanzer Bren Carrier T-16 (aus englischen Beständen), auf amerikanische Halbkettenfahrzeuge M 16 (Vierlingsflak), Bergepanzer M 74, Schützenpanzer M 39, Flakpanzer M 42 und auf verschiedene Panzerhaubitzen der Typreihe M 44 und M 55 zurück-

Foto: Krauss-Maffei Wegmann & Co. Kg

gegriffen. Teilweise wurden diese der Truppe unentgeltlich im Rahmen der gegenseitigen Natohilfe überlassen.
Bereits im Frühjahr 1956 begann man mit der Aufstellung von Panzerdivisionen. Da jedoch keine ausgebildeten Panzerbesatzungen zur Verfügung standen und diese erst ausgebildet werden mussten, wurden im Mai 1956 in Munster die Panzertruppenschule mit unterstelltem Panzerlehrbataillon und die Panzergrenadierschule mit unterstelltem Panzergrenadierlehrbataillon aufgestellt. Weitere Schulen in der Umgebung von Bremen folgten. Diese Schulen der Panzertruppe, Panzergrenadiere und der Panzeraufklärer wurden 1958 zur Panzertruppenschule in Munster zusammengefasst.
Da es, wie erwähnt, an Panzersoldaten fehlte, wurde auf Beamte des BGS, die sich 1956 zum Übertritt in die Bundeswehr entschlossen hatten, zurückgegriffen. Im Juni 1956 wurden die ersten zunächst an das 7th Army Training-Center in Vielseck/Grafenwöhr versetzt. Dort erhielten die Soldaten eine erste Unterweisung am Panzer M 47. Diese ehemaligen BGS-Beamten aus den so genannten BGS-Sonderwagenhalbzügen bildeten den Grundstock der neuen deutschen Panzertruppe. Durch stetigen Zulauf von Wehrpflichtigen, aber auch Zeit- und Berufssoldaten, erfolgte ein rascher Aufbau der Panzertruppe.
Sehr bald erkannten jedoch die Führungsstäbe, dass das vorhandene Gerät nur eine Übergangslösung sein konnte und durch deutsches Gerät ersetzt werden musste. Zunächst wurde dennoch stetig neues Panzermaterial aus den USA zugeführt, um die Verbände rasch aufzubauen und auf Sollstärke zu bringen.
Bereits im Jahr 1957 begann man bei der Bundeswehr und der Industrie mit ersten Projektstudien zur Entwicklung eines rein deutschen Kampfpanzers. Dazu wurden Arbeitsgruppen verschiedener Rüstungsfirmen gebildet. Bereits 1960 wurden die ersten Prototypen des noch namenlosen Standardpanzers (später »Leopard«) an die Bundeswehr geliefert und eingehend erprobt. Neben dieser Entwicklung wurden auch andere Panzerfahrzeuge geplant, konstruiert, erprobt und gebaut. Fehlentwicklungen blieben nicht aus, dazu gehört der Schützenpanzer lang HS 30, der zum ersten großen Rüstungsskanadal der Bundesrepublik führte. Daneben gab es noch eine Vielzahl von weiteren Prototypen und Sonderentwicklungen mit verschieden Aufbauten oder Spezialausführungen, die nicht eingeführt wurden.

Die Panzertruppe im neuen Jahrtausend

Die neuen Anforderungen an die Bundeswehr (KSE, Balkan, Afghanistan) erforderten ein Umdenken, welche gepanzerten Fahrzeuge noch zeitgemäß wären bzw. sind. Derzeit geht der Trend zu leichteren, luftverlastbaren Panzerfahrzeugen. Hier sei besonders an die Neuentwicklungen Schützenpanzer »Puma«, den Transportpanzer »Boxer« und den leichten Panzer »Wiesel« mit seinen Abarten erinnert. Schnelle Verfügbarkeit über weite Distanzen und sofortige Einsatzbereitschaft durch Luftverlastbarkeit sind hier die Stichworte. Dieser Umstand wird in den nächsten Jahren das Bild der Panzertruppe prägen, der klassische schwere Kampfpanzer hat ausgedient. Derzeit werden in einer ostdeutschen Firma hunderte von ausgesonderten Panzerfahrzeugen der BW zur Verschrottung vorbereitet und entsorgt.
Werter Leser, der vorliegende Typenkompass soll Ihnen einen Überblick über die eingeführten Panzerfahrzeuge der Panzertruppe der BW einst und jetzt geben. Leider konnten aus Platzgründen nicht alle eingeführten oder erprobten Fahrzeuge und deren Untervarianten dargestellt werden. Dennoch, so glauben wir, gibt der vorliegende Typenkompass einen fast kompletten Überblick über ein halbes Jahrhundert deutscher Panzergeschichte.

im Frühjahr 2008

Karl Anweiler
Manfred Pahlkötter

Spz M 39

Speziell für die Lehrkompanie in Munster-Lager wurden 32 Schützenpanzer des US-Typs M 39 beschafft. Der Schützenpanzer, der auf dem Jagdpanzer M 18 basierte, gehörte zur Erstausstattung der Bundeswehr und war ebenfalls ein Kriegs-Überbleibsel, gebaut von 1943 bis 1945. Ursprünglich von der US-Army als Munitionstransportfahrzeug eingesetzt, sollte der M 39 als Schützenpanzer (Bewaffnung 1 MG 12,7 mm) für eine Schützengruppe (1+9 Mann) eingesetzt werden. Wegen der zu hohen Oberkante war jedoch das Auf- und Absitzen äußerst mühsam. Bei dieser langwierigen Aktion wäre die Gruppe feindlichem Beschuss schutzlos ausgeliefert gewesen. Die M 39 wurden relativ schnell wieder ausgesondert und durch den Schützenpanzer HS 30 ersetzt.
Ein Fahrzeug ist noch im Panzermuseum in Munster-Lager zu besichtigen. Das Basisfahrzeug, der M 18 Hellcat, war mit 17 t relativ leicht, schwach gepanzert und der erste US-Panzer mit Drehstabfederung gewesen.
Ende der 40er Jahre wurde der M 39 bei der U.S. Army ausgesondert und später an Natopartner übergeben.

Typ		Spähpanzer M 39
Hersteller		GMC
Herstellerland		USA
Gefechtsgewicht	**kg**	15200
Länge	**mm**	5440
Breite	**mm**	2870
Höhe üb. FlaMG	**mm**	2050
Motortyp		Whight R-975-C1 oder C4
Hubraum	**ccm**	16000
Leistung	**kW/PS**	265 / 360 oder 299 / 407
Steigfähigkeit	**%**	60
Höchstgeschw.	**km/h**	72 oder 90
Kraftstoffvorrat	**ltr**	625
Verbr.	**ltr/100 km**	300
Fahrber. Straße	**km**	210
Besatzung		1 + 9
Bewaffnung		1 MG cal. 50
Muni-Vorrat	**Schuss**	945

Spz kurz Halbgruppe Typ 11-2

Typ	Schützenpanzer kurz 11-2
Hersteller	Hotchkiss / Nachbau Klöckner-Deutz
Herstellerland	Frankreich / Deutschland
Gefechtsgewicht kg	8400
Länge üb. Kanone mm	4476
Breite mm	2340
Höhe mm	2015
Motortyp	Hotchkiss-Lago Ottomotor
Hubraum ccm	4678
Leistung kW/PS	121 / 164
Steigfähigkeit %	60
Höchstgeschw. km/h	58
Kraftstoffvorrat ltr	330
Verbr. ltr/100 km	85
Fahrber. Straße km	380
Besatzung	5
Bewaffnung	Kanone 20mm L/85
Muni-Vorrat Schuss	575

Vom französischen Schützenpanzer Hotchkiss TT6 abgeleitet, wurde der SPz kurz mit seinen Abarten von der Fa. Hotchkiss Brandt für die BW entwickelt und als Prototyp gebaut. Zu diesem Zweck verlängerte man das TT6-Laufwerk um eine Rolle auf fünf Lauf- und vier Stützrollen. Zwischen 1958 und 1967 gingen insgesamt 1.600 Fahrzeuge in unterschiedlichen Ausführungen an die Bundeswehr. Dabei handelte es sich um Lizenzbauten der deutschen Firma Magirus-Deutz. Der SPz kurz hatte einen manuell schwenkbaren gepanzerten Turm mit einer 20-mm-Kanone vom Typ HS 820 / L85. Die Besatzung bestand aus fünf Soldaten. Wie der HS 30 SPz besaß auch der SPz-kurz konstruktive Schwachstellen, u.a. war er zu langsam, hatte bruchanfällige Steckachsen und ebensolche Antriebsräder. Außerdem besaß der Panzer mit einem Gewicht von rund 7,2 t keinen Entfernungsmesser. Der Typ 11-2 wurde speziell als Schützenpanzer oder Spähpanzer eingesetzt, wobei der Großteil zwischen 1972 und 1979/80 stillgelegt und ausgesondert wurde.

SPz lang, Gruppe HS 30 Typ 12-3

Typ		Schützenpanzer HS 30 12-3
Hersteller		Hanomag, Henschel, Leyland
Herstellerland		Deutschland / England
Gefechtsgewicht	**kg**	14600
Länge üb. Kanone	**mm**	5900
Breite	**mm**	2547
Höhe	**mm**	1850
Motortyp		Rolls-Royce B81Mk80F
Hubraum	**ccm**	6516
Leistung	**kW/PS**	162 / 220
Steigfähigkeit	**%**	60
Höchstgeschw.	**km/h**	55
Kraftstoffvorrat	**ltr**	340
Verbr.	**ltr/100 km**	125
Fahrber. Straße	**km**	270
Besatzung		2 + 6
Bewaffnung		1 MK 20L85

Ab 1953 begannen bei der Bundeswehr die Planungen zu einem Schützenpanzerwagen für die neu aufzustellenden Panzergrenadierdivisionen. Merkwürdigerweise wurde nicht auf eine bestehende amerikanische oder englische Konstruktion zurückgegriffen, sondern die Schweizer Firma Hispano-Suiza mit Konstruktion und Bau beauftragt, ein Unternehmen, das überhaupt keine Erfahrungen damit hatte.
Die Auftragsvergabe – immerhin sollten völlig absurde 11.000 Einheiten beschafft werden – geriet zum größten Rüstungsskandal jener Zeit. Letztlich entstanden zwischen 9/59 und 2/62 nicht mehr als 2176 HS 30 in verschiedenen Ausführungen.

Von Anfang an litt der 14,5 t schwere Schützenpanzer unter zahlreichen Mängeln, die auch während des Truppeneinsatzes nicht abgestellt werden konnten.

SPz lang, Gruppe HS 30

Neben der Grundversion SPz-lang, Gruppe HS 30 Typ 12-3, gab es eine Version mit rückstoßfreiem 106-mm-US-Leichtgeschütz und aufgesetztem Einschießmaschinengewehr. Jede Panzergrenadierkompanie hatte vier HS 30 Schützenpanzer für jeweils zehn Grenadiere sowie einen SPz-lang mit diesem absetzbaren Leichtgeschütz für die Panzerjagd. Die Reichweite betrug etwa 1000 Meter. Das rückstoßfreie 106-mm-Geschütz war bei der BW auch auf einem Jeep oder einem Luftlandefahrzeug (»KRAKA«) verlastet vorzufinden beziehungsweise wurde so eingesetzt.

Typ		Schützenpanzer HS 30 12-3 mit Leichtgeschütz 106mm
Hersteller		Hanomag, Henschel, Leyland
Herstellerland		Deutschland / England
Gefechtsgewicht	**kg**	14600
Länge üb. Kanone	**mm**	5900
Breite	**mm**	2547
Höhe	**mm**	2100
Motortyp		Rolls-Royce B81Mk80F
Hubraum	**ccm**	6516
Leistung	**kW/PS**	162 / 220
Steigfähigkeit	**%**	60
Höchstgeschw.	**km/h**	55
Kraftstoffvorrat	**ltr**	340
Verbr.	**ltr/100 km**	125
Fahrber. Straße	**km**	270
Besatzung		2 + 6
Bewaffnung		1 MK 20L85 1 LG 106mm M40A2

SPz Marder 1 / 1A1

Typ	Marder 1A1
Hersteller	Rheinstahl-Henschel / Atlas-Mak
Herstellerland	Deutschland
Gefechtsgewicht kg	28200
Länge üb. Rohr mm	6790
Breite mm	3240
Höhe mm	2957
Motortyp	MB 833 Ea-500
Hubraum ccm	22400
Leistung kW/PS	440 / 600
Steigfähigkeit %	60
Höchstgeschw. km/h	75
Kraftstoffvorrat ltr	650
Verbr. ltr/100 km	120
Fahrber. Straße km	540
Besatzung	9
Bewaffnung	1 MK 20 L85 1 Fla-MG 7,62mm

Wie sein Vorgänger, der Schützenpanzer lang HS 30, sollte der Schützenpanzer »Marder« als Basis einer »leichten Panzerfamilie« dienen, die in ursprünglich zehn unterschiedlichen Varianten entstehen sollte. Dazu gehörten: Schützenpanzer lang Gruppe; Schützenpanzer Führung Funk; Jagdpanzer Rakete; Jagdpanzer Kanone; Flakpanzer 30 mm Zwilling; Mörserträger 81/120 mm; Raketenwerfer leicht; Krankraftwagen; Spähpanzer mit 90 mm Bordkanone sowie Transportpanzer. Technische Probleme verhinderten jedoch eine zügige Umsetzung; auch wurden der Raketen- und Kanonenjagdpanzer in der Planung und Beschaffung vorgezogen. Die ersten Fahrzeuge der 0-Serie liefen ab 1968 bei Thyssen-Henschel (Kassel) und MaK (Kiel) vom Band. Die Serienfertigung begann im Mai 1971 und endete 1975. Insgesamt wurden 2.136 Schützenpanzer gebaut und an die Panzergrenadiere der Bundeswehr geliefert.

SPZ Marder 1A2

Von 1977 bis 1979 erhielten die Marder das PzAbwLRakSys Milan und bekamen die Bezeichnung Marder 1A1. Eine weitere Kampfwertsteigerung des Marder-Schützenpanzers erfolgte in den Jahren zwischen 1984 und 1990. Sie umfasste u.a. den Einbau eines Wärmebildgerätes (WBG) und die Entfernung des bisherigen Heck-MG. Insgesamt wurden 1112 Marder 1 und 350 Marder 1A1 zum Schützenpanzer mit der Bezeichnung Marder 1A2 umgerüstet und an die Truppe ausgeliefert. Der knapp 80 km/h schnelle Marder bot Platz für zehn Soldaten und hatte ein Zuladung von 2,7 t.

Typ		Marder 1A2
Hersteller		Rheinstahl-Henschel / Atlas-Mak
Herstellerland		Deutschland
Gefechtsgewicht	**kg**	28200
Länge üb. Rohr	**mm**	6790
Breite	**mm**	3240
Höhe	**mm**	2957
Motortyp		MB 833 Ea-500
Hubraum	**ccm**	22400
Leistung	**kW/PS**	440 / 600
Steigfähigkeit	**%**	60
Höchstgeschw.	**km/h**	75
Kraftstoffvorrat	**ltr**	650
Verbr.	**ltr/100 km**	120
Fahrber. Straße	**km**	540
Besatzung		9
Bewaffnung		1 MK 20 L85 1 Fla-MG 7,62mm
Änderung zum A1		Wärmebildgerät

SPz Marder 1A3

Bei allen bereits vorhandenen Fahrzeugen schloss sich nahtlos nach 1990 eine weitere Kampfwertsteigerung an. So wurde der passive Panzerschutz verbessert, das Wannendach auf drei Luken reduziert und an den äußeren Seitenwänden Staukästen angebracht. Die Kugelblenden für die Schützen an den Seitenwänden wurden entfernt und der komplette innere Kampfraum optimiert. Der Turm erhielt eine Zusatzpanzerung. Bedingt durch diese Umbaumaßnahmen musste das FlaMG auf die linke Seite der Scheitellafette verlegt werden. Das Gefechtsgewicht erhöhte sich durch diese Umbaumaßnahmen auf 33,5 t. Die Umrüstung wurde 1998 mit der Auslieferung des 2.097. Fahrzeuges abgeschlossen.

Typ		Marder 1A3
Hersteller		Henschel-Wehrtechnik
Herstellerland		Deutschland
Gefechtsgewicht	**kg**	33500
Länge üb. Rohr	**mm**	6880
Breite	**mm**	3380
Höhe	**mm**	3015
Motortyp		MB 833 Ea-500
Hubraum	**ccm**	22400
Leistung	**kW/PS**	440 / 600
Steigfähigkeit	**%**	60
Höchstgeschw.	**km/h**	65
Kraftstoffvorrat	**ltr**	650
Verbr.	**ltr/100 km**	130
Fahrber. Straße	**km**	500
Besatzung		9
Bewaffnung		1 MK 20 L85 1 Fla-MG 7,62mm
Änderung zum A1		Zusatzpanzerung + Funkanlage SEM 80/90

SPZ Marder 1A4

Mit der Umrüstung zum Marder 1A4 zum Führungsfahrzeug der BtlKdr der PzGrenBtl erfolgte eine weitere Kampfwertsteigerung bzw. ein Sonderumbau. Für diesen Zweck und zur besseren Führungsfähigkeit wurde eine zusätzliche Funkanlage SEM 93 eingebaut. Ansonsten wurden keine weiteren Änderungen zum Stand 1A3 durchgeführt. Von außen ist der 1A4 vom Typ Marder 1A3 nicht zu unterscheiden, lediglich eine dritte Antenne weist auf die Verwendung des Marder als Führungsfahrzeugs des Bataillonskommandeurs hin.

Typ		Marder 1A4
Hersteller		Henschel-Wehrtechnik
Herstellerland		Deutschland
Gefechtsgewicht	kg	33500
Länge üb. Rohr	mm	6880
Breite	mm	3380
Höhe	mm	3015
Motortyp		MB 833 Ea-500
Hubraum	ccm	22400
Leistung	kW/PS	440 / 600
Steigfähigkeit	%	60
Höchstgeschw.	km/h	65
Kraftstoffvorrat	ltr	650
Verbr.	ltr/100 km	130
Fahrber. Straße	km	500
Besatzung		9
Bewaffnung		1 MK 20 L85 1 Fla-MG 7,62mm
Änderung zum A3		Zusätzliche Funkausstattung SEM 93

SPz Marder 1A5

Bei den Auslands-Einsätzen der Bundeswehr wie SFOR, KFOR, ISAF u.a. zeigte sich, dass ein wirkungsvoller Minenschutz fehlte. So wurde auch beim Marder 1A3, wie bereits schon beim Leopard 2A6M geschehen, ein entsprechender Minenschutz angebracht. Das führte unter anderem zu einer vollständigen Umgestaltung des Innenraums. Wegen einer möglichen Verformung der Bodenwanne, die durch eine Minenexplosion hervorgerufen werden kann, wurden die Sitze an der Decke befestigt und mit entsprechenden Fußstützen versehen, um den im Fahrzeug sitzenden Soldaten einen optimalen Schutz zu gewähren. Stärkere Kettenschürzen erhöhten den Außenschutz. Dadurch stieg das Gefechtsgewicht auf 38,5 t. Dies hatte wiederum zur Folge, dass ein neues Bremssystem und breitere Ketten eingebaut werden mussten. Der erste Marder 1A5 wurde am 18.12.2002 durch Rheinmetall-Landsysteme an die Truppe übergeben. Bis 2005 folgten 74 weitere Marder.

Typ		Marder 1A5
Hersteller		Rheinmetall-Landsysteme
Herstellerland		Deutschland
Gefechtsgewicht	**kg**	37500
Länge üb. Rohr	**mm**	6880
Breite	**mm**	3380
Höhe	**mm**	3015
Motortyp		MB 833 Ea-500
Hubraum	**ccm**	22400
Leistung	**kW/PS**	440 / 600
Steigfähigkeit	**%**	60
Höchstgeschw.	**km/h**	65
Kraftstoffvorrat	**ltr**	650
Verbr.	**ltr/100 km**	130
Fahrber. Straße	**km**	500
Besatzung		9
Bewaffnung		1 MK 20 L85 1 Fla-MG 7,62mm
Änderung zum A3		Umrüstung mit Minenschutz

Foto: Rheinmetall Landsysteme

SPz Puma

Der SPz PUMA, dessen Beschaffung im November 2007 beschlossen wurde, soll den nunmehr fast 40 Jahre im Dienst stehenden SPz Marder ablösen. Auftragnehmer für das Projekt ist die Fa. PSM (Projekt System & Management GmbH), eine Tochter der Firmen Rheinmetall und Krauss-Maffei-Wegmann. Die Auslieferung soll ab dem Jahr 2009/10 erfolgen. Besondere Aufmerksamkeit galt dabei der Luftverlastbarkeit im neuen Truppentransportflugzeug A 400 (31,4 t). Zu diesem Zweck können u.a. die seitlichen Schutzelemente abgenommen werden. Diese werden in einem zweiten Transportflugzeug befördert und am Einsatzort wieder angebracht. Der SPz PUMA besitzt einen vollautomatischen, besatzungslosen Turm, der mit einer 30-mm-Maschinenkanone ausgerüstet ist. Das von der Wanne entkoppelte Laufwerk sowie der 800 kW-Motor von MTU gehören zu den weiteren Highlights des neuen Schützenpanzers.

Typ		Puma
Hersteller		Krauss-Maffei Wegmann & Co. KG
Herstellerland		Deutschland
Gefechtsgewicht	**kg**	31450 (Schutzstufe A) / 40700 (Schutzstufe C)
Länge	**mm**	7330
Breite	**mm**	3430 / 3710 (Schutzstufe C)
Höhe	**mm**	3100
Motortyp		10 Zylinder HPD-Motor (Vielstoff) von MTU
Hubraum	**ccm**	
Leistung	**kW/PS**	800
Steigfähigkeit	**%**	
Höchstgeschw.	**km/h**	70
Kraftstoffvorrat	**ltr**	
Verbr.	**ltr/100 km**	
Fahrber. Straße	**km**	600
Besatzung		6 + 3
Bewaffnung		1 x MK 30-2/ABM- 30 mm 1 x MG 4 Kaliber 5,56 mm

Foto: Krauss-Maffei Wegmann & Co. KG

Carrier Universal Bren Carrier T 16

Typ		T 16 Brenn Carrier
Hersteller		Ford-Motor Co.
Herstellerland		USA / England
Gefechtsgewicht	kg	4700
Länge	mm	3830
Breite	mm	2080
Höhe	mm	1300
Motortyp		Ford 29 LO
Hubraum	ccm	6850
Leistung	kW/PS	95,5 / 130
Steigfähigkeit	%	60
Höchstgeschw.	km/h	53
Kraftstoffvorrat	ltr	90
Verbr.	ltr/100 km	60
Fahrber. Straße	km	150
Besatzung		4

Als Erstausstattung übernahm die Bundeswehr 1956 rund 300 gebrauchte Panzerfahrzeuge T 16 Bren Carrier aus britischen Depotbeständen. Der Panzer mit einem Gewicht von rund 4,7 t war noch eine Vorkriegskonstruktion und bis 1945 von der Ford-Motor Company (USA) in britischer Lizenz gefertigt worden. Ursprünglich waren die T 16 zur Panzeraufklärung vorgesehen, dienten dann bei der neu aufgestellten Bundeswehr jedoch als Transportpanzer und als Fahrschulwagen. Da sich der Veteran im täglichen Truppendienst nicht bewährte und außerdem sehr störanfällig war, wurden die T 16 bereits nach kurzer Zeit wieder ausgesondert. Einige Carrier wurden danach mit Pz.AbwLRak SS 10 umgerüstet und erprobt, jedoch nicht eingesetzt. Die Nachfolge dieser Transportpanzer, die bis zu neun Soldaten aufnehmen konnten, traten der SPz kurz (Hotchkiss-Brandt) und der SPz lang (HS 30) an.

SPz kurz Nachschub-panzer 42-1

Als Nachfolger für den bereits 1956 eingeführten Bren Carrier beschaffte die Bundeswehr ab 1958 speziell für den Munitionstransport den SPz kurz 42.1. Die Basis bildete der französische CC-2-55 (gebaut von Hotchkiss-Brandt), hatte jedoch nur vier Laufrollen anstatt der üblichen fünf. Die Fahrzeuge konnten auf dem Heckladeraum eine Tonne Nutzlast befördern. Das Einsatzgewicht betrug 5,4 t, dazu kam die Beladung. Einige Fahrzeuge wurden auch als Fahrschulpanzer genutzt. Eingesetzt wurde der Cargo bei gepanzerten Nachschub-Kompanien sowie bei Panzer- und PzGrenBtl mit je drei Fahrzeugen. Da die Cargo nicht überzeugten, wurden sie bereits 1962 durch den MTW 113 ersetzt. Zwei Cargo baute der WTD 41 in Trier zu Feuerlöschpanzern um.

Typ	Nachschubpanzer CC2
Hersteller	Lizensbau Klöckner-Deutz
Herstellerland	Deutschland
Gefechtsgewicht kg	5400
Länge üb. Kanone mm	3700
Breite mm	2340
Höhe mm	1500
Motortyp	Hotchkiss-Lago Ottomotor
Hubraum ccm	4678
Leistung kW/PS	121 / 164
Steigfähigkeit %	60
Höchstgeschw. km/h	58
Kraftstoffvorrat ltr	330
Verbr. ltr/100 km	80
Fahrber. Straße km	400
Besatzung	2
Erkennungsmerkmal	nur 4 Laufrollen

MTW M 113

Typ	Mannschaftstransportwagen M 113
Hersteller	Food Maschinery Corp.
Herstellerland	USA
Gefechtsgewicht kg	10400
Länge üb. Kanone mm	4860
Breite mm	2690
Höhe mm	2200
Motortyp	Vergasermotor A 710B
Hubraum ccm	5920
Leistung kW/PS	124 / 170
Steigfähigkeit %	60
Höchstgeschw. km/h	64
Kraftstoffvorrat ltr	300
Verbr. ltr/100 km	120
Fahrber. Straße km	250
Besatzung	1+12
Bewaffnung	1 MG 7,62

Die BW beschaffte in den Jahren von 1962 bis 1985 rund 4550 Mannschaftstransportwagen M 113 und setzte diese mit unterschiedlichen Rüstsätzen (als Mörser-, Funk- und Radarfahrzeug, Krankenwagen etc.) ein. Die ersten M 113 entsprachen in Beleuchtung, Funkgeräten, Bewaffnung und Benzinmotor noch dem US-Standard. Die Gusswanne des M 113 bestand aus einer Aluminium-Magnesium-Legierung und bot nur wenig Schutz gegen Handfeuerwaffenbeschuss oder Granatsplitter. Da diese US-Version nicht den Anforderungen der BW genügte, ging man dazu über, aus den USA nur noch Basis-Fahrzeuge zu beziehen und diese entsprechend zu modifizieren. Außerdem rüstete man die anfänglich beschafften Fahrzeuge (ca. 1150 Stück) auf den Stand M 113 G (Germany) um. Dazu wurden Beleuchtung, Optik und Gleisketten getauscht sowie eine Nebelwurfmittelanlage eingebaut. Die ab 1965 für das Heer beschafften M 113 erhielten von Anfang an einen Dieselmotor der Detroit Diesel Engine Divison, einer Tochtergesellschaft von Autobauer General Motors.

MTW 113 A1 G / A2 G (EFT)

Ab 1974 wurden die restlichen rund 3400 MTW 113 von Benzin- auf Dieselmotoren umgerüstet. Der Einbau des Detroit-Diesel-Typs 6V 53 erhöhte das Gewicht aber um rund 400 kg, so dass die Schwimmfähigkeit darunter litt. Ein Teil dieser umgerüsteten Fahrzeuge wurde im Laufe der Jahre weiteren Kampfwertsteigerungen unterzogen. Aus der Typbezeichnung A1 G wurde Ende der achtziger Jahre dann die Bezeichnung A2 G (EFT). Diese Typbezeichnung wies auf die Umrüstung des Dieselmotors auf eine Saugkühlanlage sowie den Anbau von zwei Außentanks (EFT) mit insgesamt 360 Litern Fassungsvermögen hin. Da sich durch diese Maßnahmen das Gewicht um weitere 470 kg erhöhte, wurden diese M 113 als nicht mehr schwimmfähig eingestuft. Ende der neunziger Jahre sonderte man die letzten Mannschaftstransportwagen aus und ersetzte sie durch den SPz-Marder sowie den Transportpanzer Fuchs. Aus überzähligen Fahrzeugen entstanden weitere Spezialvarianten.

Typ		M 113 A1G	M 113 A2G(EFT)
Hersteller		Food Maschinery Corp.	FFG
Herstellerland		USA / Deutschland	
Gefechtsgewicht	kg	10900	11300
Länge üb. Kanone	mm	4870	5350
Breite	mm	2690	2690
Höhe	mm	2640	2640
Motortyp		GMC Diesel 6V53	
Hubraum	ccm	5520	
Leistung	kW/PS	154	210
Steigfähigkeit	%	60	
Höchstgeschw.	km/h	64	40
Kraftstoffvorrat	ltr	360	360
Verbr.	ltr/100 km	69	90
Fahrber. Straße	km	500	400
Bewaffnung		1 MG 7,62mm	

TPz Fuchs

Der im Jahr 1961 vergebene Entwicklungsauftrag zum Bau einer neuen (zweiten) Rad-Fahrzeuggeneration durch das Bundeswehr-Beschaffungsamt umfasste auch ein gepanzertes Transportfahrzeug mit der Radformel 6 x 6. 1968 wurden Prototypen verschiedener Firmen vorgestellt, die ab 1973 mit zehn Fahrzeugen in die Truppenerprobung gingen. Ausgewählt wurde ein gepanzertes, schwimmfähiges 6 x 6 Allradfahrzeug mit der Typbezeichnung »Transportpanzer Fuchs«. Bis 1993 wurden 1031 Fahrzeuge an die Bundeswehr geliefert. Der TPz 1 ist mit diversen Rüstsätzen versehen und wird u.a. für die Panzeraufklärung, als Fahrzeug-Pioniergruppe, zur Pionierführung, als Sanitätsfahrzeug, als Führung-Funk oder als ABC-Spürfahrzeug eingesetzt.

Typ	Transportpanzer Fuchs 1 Standart
Hersteller	Thyssen-Henschel
Herstellerland	Deutschland
Gefechtsgewicht kg	17000
Länge üb. Kanone mm	7743
Breite mm	2980
Höhe mm	2056
Motortyp	MB OM402A
Hubraum ccm	12763
Leistung kW/PS	235 / 320
Steigfähigkeit %	50
Höchstgeschw. km/h	96
Kraftstoffvorrat ltr	390
Verbr. ltr/100 km	50
Fahrber. Straße km	780
Besatzung	2–8 je nach Rüstsatz

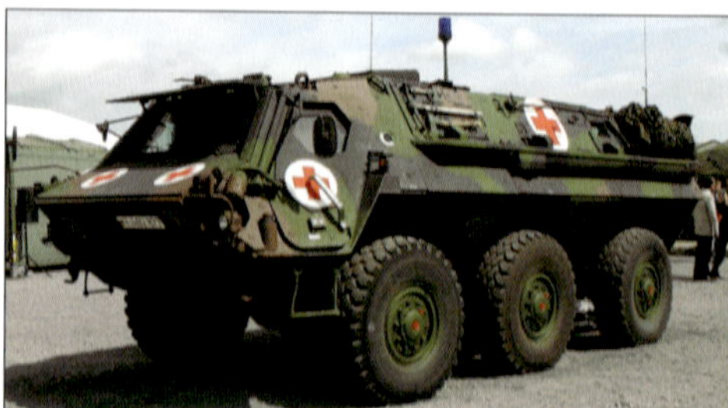

BV 206D

Die schwedische Firma Hägglunds lieferte 1985 zunächst 12 Fahrzeuge des Typs BV 206D an die Bundeswehr. Ausgestattet wurden damit Einheiten der Luftlandebrigaden, die zum deutschen Anteil der AMF/L (Allied Mobile Force/Land) gehörten. Das Fahrzeug besteht aus einem Vorder- und einem nachgezogenen Hinterwagen, die mit Gummiketten ausgestattet sind. Das Geländefahrzeug ist ohne Vorbereitung sofort schwimmfähig und bietet im Antriebswagen Platz für sechs Soldaten und im Anhängewagen Platz für bis zu elf Soldaten. Angetrieben wird das Fahrzeug auf der Straße und beim Schwimmvorgang durch seine 620 mm breite Gummikette. Von 1990 bis 2000 wurden noch einmal 155 Fahrzeuge beschafft, wovon 15 Exemplare als Funkfahrzeuge mit einer kippbaren Antennenmastanlage der Firma Geroh versehen wurden.

Typ		BV 206D
Hersteller		Haegglund
Herstellerland		Schweden
Gefechtsgewicht	**kg**	6580
Länge	**mm**	6900
Breite	**mm**	1870
Höhe	**mm**	2300
Motortyp		MB OM603.950
Hubraum	**ccm**	2996
Leistung	**kW/PS**	100 / 136
Steigfähigkeit	**%**	60
Höchstgeschw.	**km/h**	55
Kraftstoffvorrat	**ltr**	160
Verbr.	**ltr/100 km**	50
Fahrber. Straße	**km**	330
Besatzung		max. 6 + 10

BV 206S

Typ	BV 206S
Hersteller	Haegglund
Herstellerland	Schweden
Gefechtsgewicht kg	7100
Länge üb. Kanone mm	6920
Breite mm	2000
Höhe mm	2000
Motortyp	Steyer M16TCA HD M1
Hubraum ccm	3200
Leistung kW/PS	130 / 177
Steigfähigkeit %	60
Höchstgeschw. km/h	52
Kraftstoffvorrat ltr	134
Verbr. ltr/100 km	44
Fahrber. Straße km	300
Besatzung	4 + 8

Neben dem Wiesel 2 als BewBefSt wurde ab 2005 auch der von Hägglunds gebaute BV 206S als Gefechtsstandtrupp (GefStdTrp) für die Luftlandetruppe beschafft. Der BV 206S ist wie sein Vorgänger (BV 206D) ein zweiteiliges Vollkettenfahrzeug, dessen Vorder- und Hinterwagen über ein Knickgelenk verbunden ist, wobei die Lenkung über eine hydraulische Steuerung des Knickgelenkes erfolgt. Im Vorderwagen ist Platz für vier Soldaten, im Hinterwagen können bis acht Soldaten untergebracht werden. Das Fahrzeuggespann ist dank Zusatzpanzerung und gepanzerter Glasscheiben für einen Beschuss gegen Handfeuerwaffen bis Kaliber 7,62 mm ausgelegt.
Beschafft wurden ab 2005 insgesamt 81 Fahrzeuge, die durch die Firma Rheinmetall-Landsysteme eingerüstet und mit der Zusatzpanzerung versehen wurden.

KrKw gep. SPz kurz Typ 2-2

Der KrKw gep. Spz kurz Typ 2-2 stand neben dem Radarpanzer am längsten im Bundeswehreinsatz. Rund 350 unbewaffnete Sanitätspanzer entstanden zwischen 1959 und 1964. Das Fahrzeug war mit zwei Soldaten (Fahrer plus Sanitäter) bemannt und konnte zwei Feldtragen aufnehmen. Ansonsten entsprachen die technischen Parameter denen des Spz kurz Halbgruppe. Der KrKw kurz war bei allen Truppenteilen vorzufinden. Verletzte Soldaten konnten über zwei am Heck angebrachte Klappen ins Fahrzeuginnere geschoben werden, wobei der Sanitäter Erstversorgung leistete. Die letzten Fahrzeuge wurden Anfang der 80er Jahre stillgelegt bzw. ausgesondert und stehen z.T. als Ausstellungsstücke an den Eingängen von Kasernenanlagen.

Typ		Krankenkraftwagen kurz 2-2
Hersteller		Hotchkiss / Nachbau Klöckner-Deutz
Herstellerland		Frankreich / Deutschland
Gefechtsgewicht	**kg**	8400
Länge	**mm**	4476
Breite	**mm**	2340
Höhe	**mm**	1600
Motortyp		Hotchkiss-Lago Ottomotor
Hubraum	**ccm**	4678
Leistung	**kW/PS**	121 / 164
Steigfähigkeit	**%**	60
Höchstgeschw.	**km/h**	58
Kraftstoffvorrat	**ltr**	330
Verbr.	**ltr/100 km**	85
Fahrber. Straße	**km**	380
Besatzung		2
Bewaffnung		ohne
Ausstattung		2 Tragen

KrKw gep. M 113 A1 G

Der Sanitätspanzer (offiziell: Krankentransportwagen) M 113 A1 G birgt im Innenraum vier Krankentragen auf hochklappbaren Rohrgestellen in Tragehalterungen. Zwei weitere Sitze sind für den Kommandanten und einen Krankenpfleger eingebaut. Die absenkbare Heckrampe ermöglicht einen ungehinderten Ein- und Ausstieg auch mit Trage. 262 M 113 KrKw wurden beschafft oder entstanden aus der Grundversion. Der gepanzerte KrKw M 113 durchlief ebenso wie andere Varianten mehrere Kampfwertsteigerungen und wurde außerdem dem EFT-Programm (zusätzliche Hecktanks) unterzogen. Er befindet sich derzeit immer noch im Truppeneinsatz, soll aber in den nächsten Jahren durch den neuen Sanitätspanzer (Rad) »BOXER« ersetzt werden.

Typ		Krankentransportpanzer M 113G	M 113 A2G(EFT)
Hersteller		Food Maschinery Corp.	FMC / FFG
Herstellerland		USA	USA / Deutschland
Gefechtsgewicht	**kg**	10400	11300
Länge	**mm**	4860	5350
Breite	**mm**	2690	2690
Höhe	**mm**	2200	/ 640
Motortyp		Vergasermotor 710B	GMC Diesel 6V53
Hubraum	**ccm**	5920	5520
Leistung	**kW/PS**	124 / 170	154 / 210
Steigfähigkeit	**%**	60	60
Höchstgeschw.	**km/h**	64	40
Kraftstoffvorrat	**ltr**	300	720
Verbr.	**ltr/100 km**	120	90
Fahrber. Straße	**km**	250	800

KrKw gep. Wiesel 2

Wie bereits das leFlaSys der Luftlandetruppe, forderte auch die Luftlandesanitätstruppe einen luftverlastbaren leichten Krankentransportpanzer. Der Auftrag zur Entwicklung eines Prototypen wurde an die Firma Rheinmetall Landsysteme vergeben. Die am Fahrzeugheck angebrachte zweiteilige Flügeltür ermöglicht die schnelle Bergung bzw. den Abtransport von Verletzten. Außer dem Fahrer und einem Sanitäter haben ein liegender und zwei sitzende Verwundete im Fahrzeuginneren Platz. Seit Mai 2003 wurden 20 Krankentransportpanzer Wiesel 2 an die Luftlandesanitätstruppe übergeben.

Typ		Wiesel 2 Krankentransportpanzer
Hersteller		Rheinmetall Landsysteme
Herstellerland		Deutschland
Gefechtsgewicht	**kg**	4100
Länge	**mm**	4160
Breite	**mm**	1820
Höhe	**mm**	2110
Motortyp		Audi 4Zyl. TDi-Motor
Hubraum	**ccm**	1986
Leistung	**kW/PS**	81 / 110
Steigfähigkeit	**%**	60
Höchstgeschw.	**km/h**	70
Kraftstoffvorrat	**ltr**	120
Verbr.	**ltr/100 km**	22
Fahrber. Straße	**km**	550
Besatzung		2 + 1 liegenden Verwundeten + 3 sitzende Verwundete

Foto: Rheinmetall-Landsysteme

KrKw gep. BV 206S

2003 gab die Bundeswehr 31 Krankentransportpanzer BV 206S bei der Firma Hägglunds in Auftrag. Die bestellten bzw. beschafften Fahrzeuge wurden 2004 mit einer Zusatzpanzerung der Firma RLS versehen und erhielten einen Rüstsatz für den Kranken- und Verwundetentransport.
In eine Transall passen zwei BV 206S, auch in das geplante neue Transportflugzeug Airbus A400M können zwei Hägglunds verladen werden. Die nordische Ketten-Kombination kann auch mit einem speziellen Verladegeschirr als Außenlast am Transporthubschrauber CH53 transportiert werden.

Typ		BV 206S Krankentransportpanzer
Hersteller		Haegglund
Herstellerland		Schweden
Gefechtsgewicht	**kg**	7100
Länge	**mm**	6920
Breite	**mm**	2000
Höhe	**mm**	2100
Motortyp		Steyer M16TCA HD M1
Hubraum	**ccm**	3200
Leistung	**kW/PS**	130 / 177
Steigfähigkeit	**%**	60
Höchstgeschw.	**km/h**	52
Kraftstoffvorrat	**ltr**	134
Verbr.	**ltr/100 km**	44
Fahrber. Straße	**km**	300
Besatzung		2 + 1liegenden + 5 sitzende Verwundete oder 2 sitzende + 2 liegende Verwundete

Foto: Rheinmetall-Landsysteme

SPz lang, PzMrs HS 30 Typ 51-3 / 52-3

Typ		Panzermörser HS 30 52-3
Hersteller		Hanomag, Henschel, Leyland
Herstellerland		Deutschland / England
Gefechtsgewicht	kg	14600
Länge üb. Kanone	mm	5540
Breite	mm	2547
Höhe	mm	1850
Motortyp		Rolls-Royce B81Mk80F
Hubraum	ccm	6516
Leistung	kW/PS	162 / 220
Steigfähigkeit	%	60
Höchstgeschw.	km/h	55
Kraftstoffvorrat	ltr	340
Verbr.	ltr/100 km	125
Fahrber. Straße	km	270
Besatzung		1 + ?
Bewaffnung		Mörser 120mm

Auf Basis des SPz lang HS 30 entstand eine Mörser-Variante für die Bundeswehr. 150 PzMrs wurden zunächst beschafft, die Mörser mit 81-mm-Kaliber stammten von der israelischen Firma Tampella. In den Bestandlisten der Bundeswehr wurden diese HS 30 unter der Typ-Bezeichnung 51-3 geführt. 1966 erhielten sämtliche Fahrzeuge Mörser mit Kaliber 120 mm, die ebenfalls von Tampella geliefert wurden; diese erhielten dann die Typbezeichnung 52-3. Die Besatzung bestand aus fünf Mann. Die Schießrichtung erfolgte nach schräg hinten. Zur Selbstverteidigung hatte der HS-30-Mörser eine Schildblende für ein aufgesetztes MG 7,62. Ersetzt wurde der PzMrs durch den PzMrs M 113, dem eine erheblich längere Einsatzzeit beschieden sein sollte.

Spz kurz PzMrs Hotchkiss Typ 51-2

Typ		Panzermörser 51-2
Hersteller		Hotchkiss / Nachbau Klöckner-Deutz / Tampella
Herstellerland		Frankreich / Deutschland / Israel
Gefechtsgewicht	**kg**	8400
Länge	**mm**	4476
Breite	**mm**	2340
Höhe	**mm**	1650
Motortyp		Hotchkiss-Lago Ottomotor
Hubraum	**ccm**	4678
Leistung	**kW/PS**	121 / 164
Steigfähigkeit	**%**	60
Höchstgeschw.	**km/h**	58
Kraftstoffvorrat	**ltr**	330
Verbr.	**ltr/100 km**	85
Fahrber. Straße	**km**	380
Besatzung		4
Bewaffnung		Mörser 81 mm
Muni-Vorrat	**Schuss**	51

Der SPz-kurz PzMrs mit 81-mm-Mörser von Tampella wurde sowohl bei den Pz-Grenadieren (mot) als auch bei den PzAufkBtl eingesetzt. Der auch auf anderen Fahrgestellen installierte Mörser mit Kaliber 81 mm stammte wiederum aus israelischer Produktion und hatte eine Reichweite von 150 bis 4700 m. Im Fahrzeug konnten 51 Mörsergranaten mitgeführt werden. Die Kampfbesatzung betrug vier Mann inklusive Fahrer. Die Hotchkiss-Konstruktion wurde durch den Panzermörser auf Basis des unverwüstlichen M 113 abgelöst, wobei der Mörser selbst zunächst weiter genutzt wurde: Eine an Bord befindliche Bodenplatte sorgte dafür, dass der Mörser auch ohne Fahrzeug einsatzbereit war.

Im Dienste der Truppe stand der Typ 51-2 zwischen 1959 und 1970.

SPz kurz Hotchkiss Typ 91-2

Typ		Radarpanzer 91-2
Hersteller		Hotchkiss / Nachbau Klöckner-Deutz
Herstellerland		Frankreich / Deutschland
Gefechtsgewicht	**kg**	8200
Länge	**mm**	4476
Breite	**mm**	2340
Höhe	**mm**	1650
Motortyp		Hotchkiss-Lago Ottomotor
Hubraum	**ccm**	4678
Leistung	**kW/PS**	121 / 164
Steigfähigkeit	**%**	60
Höchstgeschw.	**km/h**	58
Kraftstoffvorrat	**ltr**	330
Verbr.	**ltr/100 km**	85
Fahrber. Straße	**km**	380
Besatzung		2
Ausstattung		Radaranlage AN/TPS 33a

Rund 70 Fahrzeuge SPz kurz waren in der Ausführung Radaraufklärung bei den PzArtBtl der Bundeswehr im Einsatz. Der Radarpanzer war mit einem Gefechtsfeldüberwachungsradar der US-Typenreihe AN/TPS 33 und 33 a ausgerüstet. Das AN/TPS 33, ein so genanntes Impulsradargerät, hatte eine Reichweite von 18 km und konnte aus dem Fahrzeuginneren nach oben ausgefahren werden. Zur autonomen Stromversorgung des Radargerätes und sonstiger Funkgeräte war in der linken Hecktür ein Stromerzeugungsaggregat eingebaut. Der Radaraufklärer wurde Ende der 70er Jahre ausgesondert und durch den TPz-Fuchs, ein Radpanzer, abgelöst. Dieser verfügte zunächst ebenfalls über das Radargerät AN/TPS 33 a, wurde aber später dann auf das Radargerät RASIT umgerüstet.

PZMrs M 113 A1

Der PzMrs M 113 mit seinem 120-mm-Mörser soll die PzGrenTr. und die Infanterie unterstützen. Insgesamt beschaffte die BW ab 1971 494 Exemplare. Zunächst mit einem 81-mm-Werfer bestückt, wurde der Werfer später auf das Kaliber 120 mm umgerüstet.

Diese Mörser mit einer Reichweite von 400 bis 6350 m stammten von der israelischen Firma Tampella und sind im geschlossenen Kampfraum installiert. Beim Feuern werden die oben liegenden Abdeckplatten zur Seite geklappt. Für den abgesetzten Einsatz wird eine Bodenplatte, die am Fahrzeugheck befestigt ist, mitgeführt. Die Besatzung beträgt fünf Soldaten. Im Laufe der Jahre wurden die Panzermörser (die sich noch im Einsatz befinden) den üblichen Kampfwertsteigerungen unterzogen. So erhielten u.a. alle Fahrzeuge im Rahmen des EFT-Programms die beiden 180-l-Hecktankanlagen. Umrüstungen erfolgten in den Jahren 1969–1973, 1977–1978 und 1991–1993.

Typ		Panzermörser	
	M 113G	M 113 A2G(EFT)	M 113 G3(EFT)GE
Hersteller	Food Maschinery Corp.	FMC / FFG	FMC / FFG / Henschel
Herstellerland	USA	USA / Deutschland	USA / D
Gefechtsgewicht kg	10400	11300	11300
Länge mm	4860	5350	5350
Breite mm	2690	2690	2690
Höhe mm	2200	2640	2640
Motortyp	Vergasermotor A 710B	GMC Diesel 6V53	MTU 6V183 Diesel
Hubraum ccm	5920	5520	10.960
Leistung kW/PS	124 / 170	154 / 210	220 / 300
Steigfähigkeit %	60	60	60
Höchstgeschw. km/h	64	40	62
Kraftstoffvorrat ltr	300	720	720
Verbr. ltr/100 km	120	90	
Fahrber. Straße km	250	800	
Bewaffnung		1 MG 7,62 / Mörser 1200mm	

M 113 A RATAC / Green Archer

Insgesamt erhielt die Bundeswehr 97 Exemplare M 113 G mit Radargerät RATAC Typ DR-RC 1a bzw. RATAC-S (größere Reichweite). Die ersten 62 Exemplare wurden zwischen 1976 und 1978 angeschafft, in den 90ern folgten weitere 35. Die BW führte das System unter dem Namen ABBRA. Zu den Aufgaben gehört die Gefechtsfeldüberwachung und das Orten von sich bewegenden Zielen am Boden. Dazu fährt das Radargerät an einem sechs Meter langen hydraulischen Mast nach oben. Die Reichweite des RATAC beträgt acht bis 38 km; es erfasst Personen oder Fahrzeuge gleichermaßen. Nach 1968 erhielten die BeobBtl der Artillerieverbände 28 modifizierte Trägerfahrzeuge M 113 (Wanne nach hinten verkürzt) mit dem Radargerät FA. No 8 MKZ Green Archer der englischen Firma EMI. Dieses Artillerieradargerät wurde zum Orten von Steilfeuerwaffen wie Mörsern und dem Schießen nach dem Radarmessverfahren eingesetzt. Feindliche Stellungen konnten bis zu einer Entfernung von maximal 30 km geortet werden. Das auf dem M 113 aufgesetzte Radargerät konnte im Einsatz um 360 Grad gedreht werden. Beim Verlegen bzw. Marsch wurde die Radarantenne nach hinten abgeklappt und mit einer Plane abgedeckt. In den letzten Jahren ersetzte ein neues mobiles Radargerät mit dem Namen »COBRA« auf 15-t-Lkw das Green Archer-Kettenfahrzeugsystem, das inzwischen ausgemustert wurde.

Typ		Radarpanzer (RATAC) M 113 A2G
Hersteller		FMC / FFG
Herstellerland		USA / Deutschland
Gefechtsgewicht	**kg**	13200
Länge	**mm**	5350
Breite	**mm**	2690
Höhe	**mm**	2640 +
Motortyp		GMC Diesel 6V53
Hubraum	**ccm**	5520
Leistung	**kW/PS**	154 / 210
Steigfähigkeit	**%**	60
Höchstgeschw.	**km/h**	40
Kraftstoffvorrat	**ltr**	720
Verbr.	**ltr/100 km**	90
Fahrber. Straße	**km**	800
Bewaffnung		1 MG 7,62

M 113 mit Green Archer

TPz Fuchs 1A1 Eloka / Spürpanzer

Typ		Transportpanzer Fuchs 1A1 Eloka
Hersteller		Thyssen-Henschel
Herstellerland		Deutschland
Gefechtsgewicht	**kg**	16500
Länge	**mm**	7743
Breite	**mm**	2980
Höhe	**mm**	2056
Motortyp		MB OM402A
Hubraum	**ccm**	12763
Leistung	**kW/PS**	235 / 320
Steigfähigkeit	**%**	60
Höchstgeschw.	**km/h**	96
Kraftstoffvorrat	**ltr**	390
Verbr.	**ltr/100 km**	50
Fahrber. Straße	**km**	780
Besatzung		2

Eine äußerlich abgewandelte Version des TPz 1 ist der TPz 1A1. Er besitzt keinen Schwimmantrieb und findet speziell im Bereich ELOKA (elektronische Kampfführung) mit diversen Rüstsätzen seine Verwendung. So wird er als Stör- oder als Peilfahrzeug mit verschiedenen Antennenaufbauten eingesetzt. Der auf der Abbildung gezeigte Störpanzer mit der Bezeichnung Hummel-Störsender 33 und seinen charakteristischen Antennen, ist ein automatisch arbeitender Störsender im Bereich der Sprach- und Datenverbindung. Der Störsender arbeitet im Mehrkanalbetrieb und zeichnet sich durch eine hohe Ausgangsleistung aus.

Foto: Rheinmetall-Landsysteme

WaTrg Wiesel 1 TOW

Als Ersatz für den ungeschützten Rad-Waffenträger »KRAKA« Typ 640 der Firma Faun entwickelte man 1977 drei Prototypen eines leichten, luftverlastbaren Kettenfahrzeugs mit dem Panzerabwehrraketensystem TOW. 1979 wurde das Projekt aus Kostengründen eingestellt, 1984 indes die Unterlagen wieder aus der Schublade geholt. Die Firma MaK Kiel baute erneut einige verbesserte Prototypen und führte diese bis zur Serienreife. Die Entscheidung zur Beschaffung von 210 Fahrzeugen Wiesel 1 TOW fiel 1989. Diese wurden von 1990 bis 1992 gebaut und an die Bundeswehr geliefert.

Typ		Wiesel 1 TOW
Hersteller		MaK
Herstellerland		Deutschland
Gefechtsgewicht	kg	2787
Länge	mm	3265
Breite	mm	1820
Höhe	mm	1870
Motortyp		VW 5 Zyl. Dieselmotor
Hubraum	ccm	1994
Leistung	kW/PS	64 / 87
Steigfähigkeit	%	60
Höchstgeschw.	km/h	75
Kraftstoffvorrat	ltr	80
Verbr.	ltr/100 km	28
Fahrber. Straße	km	280
Besatzung		3
Bewaffnung		PzAbwLFK TOW

Foto: Rheinmetall-Landsysteme

WaTrg Wiesel 1 MK20

Neben dem Wiesel 1 TOW brachte MaK 1989 auch den Wiesel 1 MK 20 zur Serienreife. Relativ spät fiel dann die Entscheidung der Bundeswehrführung, 133 dieser Waffenträger mit einer 20-mm-Bordmaschinenkanone zu beschaffen. Ab 2002 wurde ein erstes Los von 30 WaTrg Wiesel 1 MK20 mit einer Ergänzungsausstattung zur Nachtsichtfähigkeit realisiert. Diese Ausstattung umfasste u.a. das autonome optronische Zielsystem (AOZ2000), das Anforderungen der Division Spezielle Operationen (DSO) entspricht: Bei Nacht sowie bei schlechter Sicht sind Personen und Fahrzeuge bis zu einer Entfernung von 2500 m zu erkennen.

Typ		Wiesel 1 MK 20
Hersteller		MaK
Herstellerland		Deutschland
Gefechtsgewicht	kg	2687
Länge üb. Rohr	mm	3545
Breite	mm	1820
Höhe	mm	1825
Motortyp		VW 5 Zyl. Dieselmotor
Hubraum	ccm	1994
Leistung	kW/PS	64 / 87
Steigfähigkeit	%	60
Höchstgeschw.	km/h	70
Kraftstoffvorrat	ltr	80
Verbr.	ltr/100 km	28
Fahrber. Straße	km	280
Besatzung		2
Bewaffnung		1 MK 20mm DM6

WaTrg Wiesel 2

Typ		Wiesel 2
Hersteller		Rheinmetall Landsysteme
Herstellerland		Deutschland
Gefechtsgewicht	**kg**	4100
Länge üb. Rohr	**mm**	4153
Breite	**mm**	1852
Höhe	**mm**	1900
Motortyp		Audi 4Zyl. TDi-Motor
Hubraum	**ccm**	1986
Leistung	**kW/PS**	81 / 110
Steigfähigkeit	**%**	60
Höchstgeschw.	**km/h**	70
Kraftstoffvorrat	**ltr**	120
Verbr.	**ltr/100 km**	22
Fahrber. Straße	**km**	550
Besatzung		3
Bewaffnung		1 FlaMG 7,62 mm

Nachdem sich der KRAKA-Nachfolger Wiesel 1 bestens bewährt hatte, begann 1994 die Firma MaK, die heutige Rheinmetall Landsysteme, mit der Weiterentwicklung des Modells. Zahlreiche Komponenten wurden übernommen, die wenigen Schwachstellen, wie etwa die etwas beengten Platzverhältnisse, oder die für manche Missionen zu geringe Reichweite konsequent ausgemerzt. Der Wiesel 2 hat ein verlängertes Laufwerk, ein höheres Fahrzeugdach und einen größeren Tank, der den Aktionsradius um 250 km auf rund 550 km steigert. Für Vortrieb sorgt der bekannte 1,9-Liter-TDI von VW, die Kraftübertragung erfolgt über eine Vierstufen-Automatik. Neu und einmalig sind das ZF-Lenkschaltgetrieb und die Gummibolzen-Gleiskette von Diehl. Auf Basis des Wiesel 2 wurde zunächst ein leichtes Flugabwehr-System beschafft, das Ozelot-System. Das hier gezeigte Bild zeigt den Wiesel 2 »Pioniererkundungstrupp.

Foto: Rheinmetall-Landsysteme

JgdPz 4-5

Typ		KJgdPz 4-5
Hersteller		Henschel
Herstellerland		Deutschland
Gefechtsgewicht	**kg**	25700
Länge üb. Rohr	**mm**	8750
Breite	**mm**	2980
Höhe	**mm**	2085
Motortyp		MTU MB837 Aa500
Hubraum	**ccm**	22440
Leistung	**kW/PS**	368 / 500
Steigfähigkeit	**%**	60
Höchstgeschw.	**km/h**	70
Kraftstoffvorrat	**ltr**	470
Verbr.	**ltr/100 km**	120
Fahrber. Straße	**km**	390
Besatzung		4
Bewaffnung		Kanone 90mm L40,5
Muni-Vorrat	**Schuss**	51 Granaten

Da ein Kanonenjagdpanzer auf HS 30-Fahrgestell nicht realisiert werden konnte, entschied man sich 1957 im Bundesverteidigungsministerium unter dem damaligen Minister Strauß zur Entwicklung einer neuen leichten Panzerfamilie. Zu dieser Familie gehörte u.a. der Prototyp des Kanonenjagdpanzers 4-5 mit einer 90-mm-Kanone. Die geplante leichte Panzerfamilie sollte laut Grundkonzeption ein Gefechtsgewicht von 17 bis 24 t aufweisen und eine kostengünstige Fertigung durch die Verwendung baugleicher Wannen und Fahrgestellteile ermöglichen. Die Kanonenjagdpanzer-Variante sollte alle damals bei der NATO üblichen 90-mm-Geschosse verschießen können. Überdies versprach sie schneller und wendiger zu sein als der sich in Entwicklung befindliche »Standard«-Kampfpanzer. Der JPz 4-5 erhielt eine Nebelwurfanlage (2 x 6 Becher) und eine ABC-Schutzbelüftungsanlage. Alle Kanonenjagdpanzer wurden bis Ende der 90er Jahre aus dem aktiven Truppendienst zurückgezogen und zum Teil als Hartziel beim Übungsschießen auf Truppenübungsplätzen aufgebraucht.

RakJgdPz 1 HS-30/3-3

Anfang der 60er Jahre wurden für die Bundeswehr 95 RakJgdPz 1 mit zwei hydraulisch ausfahrbaren Abschussrampen für die drahtgelenkte PzAbwLRak SS 11 beschafft. Die Reichweite der PzAbwLR SS 11, die optisch über Periskop und drahtgelenkt ins Ziel geführt wurde, lag zwischen 600 bis 3000 Meter. Die Besatzung bestand aus Fahrer, Kommandant und Bediener; zur Eigensicherung dienten ein MG. Der RakJPz war der erste Raketenjagdpanzer der Bundeswehr. Der RakJgPz HS-30 3-3 wurde Ende der 70er Jahre durch den RakJgPz Jaguar abgelöst bzw. ersetzt. Beim Schuss legte sich der abgespulte Draht über Hindernisse, und konnte somit nicht reißen.

Typ		Jagdpanzer Rakete HS 30 3-3
Hersteller		Hanomag, Henschel, Leyland
Herstellerland		Deutschland / England
Gefechtsgewicht	**kg**	14600
Länge üb. Kanone	**mm**	5540
Breite	**mm**	2547
Höhe	**mm**	1850
Motortyp		Rolls-Royce B81Mk80F
Hubraum	**ccm**	6516
Leistung	**kW/PS**	162 / 220
Steigfähigkeit	**%**	60
Höchstgeschw.	**km/h**	55
Kraftstoffvorrat	**ltr**	340
Verbr.	**ltr/100 km**	125
Fahrber. Straße	**km**	270
Besatzung		1 + 2
Bewaffnung		PAL SS11

RakJgdPz 2

Im Rahmen der geplanten leichten Panzerfamilie (die in dem Umfang gar nicht verwirklicht wurde) und aufbauend auf den gewonnen Erkenntnissen aus der Nutzung des Raketenjagdpanzers 1 auf Basis HS 30 entstand in den Jahren 1963-1965 der Raketenjagdpanzer 2. Bewaffnet war er mit Panzerabwehrraketen, Typ SS11, die unter Panzerschutz nachgeladen werden konnten. Zwei davon waren im Kampfraum untergebracht. Das PARS SS11 war ursprünglich eine französische Entwicklung, man hatte es im Vergleich zum Vorgänger erheblich verbessert. Die Kampfentfernung reichte von 500 bis 3000 m. Die Serienfertigung begann 1966. Ab 1978 wurde der Raketenjagdpanzer 2 auf das Lenkflugkörpersystem HOT umgerüstet. Das Fahrwerk für die leichte Panzerfamilie - geplant waren Schützenpanzer, Mörserpanzer, Jagdpanzer, Kanone/Rakete, Flak-Panzer, Spähpanzer, Krankentransportpanzer – fand letztlich noch beim Kanonenjagdpanzer und beim Marder Verwendung.

Typ		RakJgdPz 2
Hersteller		Henschel
Herstellerland		Deutschland
Gefechtsgewicht	**kg**	23000
Länge üb. Rohr	**mm**	6430
Breite	**mm**	2980
Höhe	**mm**	1980
Motortyp		MTU MB837 Aa500
Hubraum	**ccm**	22440
Leistung	**kW/PS**	368 / 500
Steigfähigkeit	**%**	58
Höchstgeschw.	**km/h**	70
Kraftstoffvorrat	**ltr**	470
Verbr.	**ltr/100 km**	110
Fahrber. Straße	**km**	420
Besatzung		4
Bewaffnung		SS 11
Muni-Vorrat	**Schuss**	2x7 LFK

RakJgdPz Jaguar 1

Mit Einführung des deutsch-französischen Panzerabwehr-Raketensystems HOT (Haut subsonique Optiquement Téléguidé = hoher Unterschallbereich optisch ferngelenkt) erhielten auch die Raketenjagdpanzer 2 eine entsprechende Umrüstung. Diese erfolgte ab 1978, die 316 Raketenjagdpanzer trugen jetzt die Bezeichnung »Jaguar 1«. Im Zuge der Umrüstung auf HOT erhielten der Kampfraum und das Laufwerk eine zusätzliche Panzerung. Herzstück des Systems war die auf Einzelschuss ausgelegte Anlage K3S, sie besaß ein Trommelmagazin mit acht Flugkörpern. Das Waffensystem HOT konnte sowohl vom Panzer als auch von Hubschraubern wie dem Bo 105 abgefeuert werden.

Typ		Jaguar 1
Hersteller		Henschel
Herstellerland		Deutschland
Gefechtsgewicht	**kg**	22500
Länge üb. Rohr	**mm**	6610
Breite	**mm**	3120
Höhe	**mm**	2550
Motortyp		MTU MB837 Aa500
Hubraum	**ccm**	22440
Leistung	**kW/PS**	368 / 500
Steigfähigkeit	**%**	58
Höchstgeschw.	**km/h**	70
Kraftstoffvorrat	**ltr**	470
Verbr.	**ltr/100 km**	140
Fahrber. Straße	**km**	335
Besatzung		4
Bewaffnung		HOT
Muni-Vorrat	**Schuss**	20 LFK

RakJgdPz Jaguar 1A0 A3

Der seit 15 Jahren in den Panzerjägerkompanien der Brigaden eingesetzte Jaguar 1 durchlief im Zeitraum von 1993-1995 eine nochmalige Kampfwertsteigerung. Das Aussehen zum Grundmodell veränderte sich durch den Einbau eines deutlich größeren Richtkopfes, in dem neben der Tagoptik und einem Goniometer ein neues Wärmebildgerät eingebaut war. Ferner erhielt der Jaguar 1A0A3 eine neue Lenkvorrichtung. Ab 2004 wurde der Jaguar 1A0A3 bei der Bundeswehr ausgemustert und teilweise als Hartziel auf Truppenübungsplätzen verwendet.

Typ		Jaguar 1A0A3
Hersteller		Henschel
Herstellerland		Deutschland
Gefechtsgewicht	**kg**	22500
Länge üb. Rohr	**mm**	6610
Breite	**mm**	3120
Höhe	**mm**	2545
Motortyp		MTU MB837 Aa500
Hubraum	**ccm**	22440
Leistung	**kW/PS**	368 / 500
Steigfähigkeit	**%**	58
Höchstgeschw.	**km/h**	70
Kraftstoffvorrat	**ltr**	470
Verbr.	**ltr/100 km**	140
Fahrber. Straße	**km**	335
Besatzung		4
Bewaffnung		HOT
Muni-Vorrat	**Schuss**	20 LFK
Besonderheit		nachtkampffähig

RakJgdPz Jaguar 2

Typ	Jaguar 2
Hersteller	Henschel
Herstellerland	Deutschland
Gefechtsgewicht kg	24800
Länge üb. Kanone mm	6610
Breite mm	3120
Höhe mm	1980
Motortyp	MTU MB837 Aa500
Hubraum ccm	22440
Leistung kW/PS	368 / 500
Steigfähigkeit %	58
Höchstgeschw. km/h	70
Kraftstoffvorrat ltr	470
Verbr. ltr/100 km	120
Fahrber. Straße km	335
Besatzung	4
Bewaffnung	TOW
Muni-Vorrat Schuss	14 LFK

Im Rahmen der Kampfwertsteigerung schlug die Firma Thyssen-Henschel u.a. eine Umrüstung des Jaguar 1 auf das amerikanische Panzerabwehrsystem TOW vor. Dieser Vorschlag wurde von der Bundeswehr aufgenommen und der Auftrag erteilt, 165 Kanonenjagdpanzer zum Raketenjagdpanzer Jaguar 2 umzurüsten. Genau wie der Jaguar 1 bekam der Jaguar 2 eine zusätzliche Panzerung und eine Laufwerksabdeckung. Das Panzerabwehrsystem TOW (Tube Launched Optically Tracked Wire Guided Missile = eine rohrgestartete, optisch verfolgte, drahtgelenkte Rakete) war 1965 durch die amerikanische Firma Hughes entwickelt worden und ist auch 40 Jahre später noch im Einsatz.

Auch der gepanzerte Waffenträger Wiesel 1 ist mit dem TOW-System ausgerüstet.

leKpz M 41

Der Spähpanzer M 41, der erste leichte Kampfpanzer (»LeKPz«) der Bundeswehr, entstand im Zeitraum zwischen 1950 und 1958 auf den Bändern der Firmen Cleveland Tank Arsenal und der Cadillac Motor Division (USA). Die US-Streitkräfte beschafften diesen wendigen Panzer in großer Anzahl. 1956 entschied man sich auch beim Heer zur Einführung dieses leKPz, der sofort und in großer Stückzahl aus Depotbeständen zur Verfügung stand. Mit einem Gefechtsgewicht von 25,4 t galt der M 41 – Spitzname »Walker-Bulldog«, benannt nach einem US-General des Korea-Kriegs – als luftverlastbar. Er wurde als Kanonenjagdpanzer bei Panzerjägerzügen, aber auch bei den Panzeraufklärern eingesetzt. Nach 1964 verschwanden die Fahrzeuge allmählich aus der Truppennutzung, während der Kanonenjagdpanzer Typ 4-5 in immer größeren Stückzahlen zu den Einheiten gelangte.

Typ		le Kampfpanzer M 41
Hersteller		Cleveland Tank-Arsenal
Herstellerland		USA
Gefechtsgewicht	**kg**	23495
Länge üb. Kanone	**mm**	8080
Breite	**mm**	3260
Höhe	**mm**	3080
Motortyp		Continental AOS 895-3
Hubraum	**ccm**	14681
Leistung	**kW/PS**	316 / 430
Steigfähigkeit	**%**	60
Höchstgeschw.	**km/h**	65
Kraftstoffvorrat	**ltr**	530
Verbr.	**ltr/100 km**	350
Fahrber. Straße	**km**	150
Besatzung		4
Bewaffnung		Kanone 76,2 L/60 1 Fla-MG cal. 50 1 Bord-MG cal .30
Muni-Vorrat	**Schuss**	57

BeobPz kurz Hotchkiss Typ 22-2

Typ	Beobachtungspanzer 22-2
Hersteller	Hotchkiss / Nachbau Klöckner-Deutz
Herstellerland	Frankreich / Deutschland
Gefechtsgewicht kg	8400
Länge üb. Kanone mm	4476
Breite mm	2340
Höhe mm	1600
Motortyp	Hotchkiss-Lago Ottomotor
Hubraum ccm	4678
Leistung kW/PS	121 / 164
Steigfähigkeit %	60
Höchstgeschw. km/h	58
Kraftstoffvorrat ltr	330
Verbr. ltr/100 km	85
Fahrber. Straße km	380
Besatzung	3
Bewaffnung	1 MG 7,62 auf Drehringlafette

Der SPz kurz in der Version als Beobachtungspanzer hatte im Gegensatz zum SPz kurz Halbgruppe eine flachere Wanne mit zusätzlichen optischen Beobachtungsmitteln, zum Beispiel einem Periskop. Die Besatzung bestand aus drei Soldaten inklusive Fahrer.
An einem Drehring über der Kommandantenluke war ein MG 7,62 mm angebracht. Der BeobPz kurz gehörte von 1958/69 zu den Mörserzügen der Panzer- und Panzergrenadierbataillone. Einige Fahrzeuge erhielten im Zuge der Nachrüstung ein zusätzliches Gitter zur Aufnahme von Tarnnetzen an der Vorderfront.
Die Fahrzeuge wurden im Zeitraum zwischen 1959 und 1964 gebaut.

BeobPz/FuePz JPz 4-5

Typ		BeobFüPz 4-5
Hersteller		Henschel
Herstellerland		Deutschland
Gefechtsgewicht	**kg**	25700
Länge üb. Rohr	**mm**	6240
Breite	**mm**	2980
Höhe	**mm**	2080
Motortyp		MTU MB837 Aa500
Hubraum	**ccm**	22440
Leistung	**kW/PS**	368 / 500
Steigfähigkeit	**%**	60
Höchstgeschw.	**km/h**	70
Kraftstoffvorrat	**ltr**	470
Verbr.	**ltr/100 km**	110
Fahrber. Straße	**km**	400
Besatzung		4
Bewaffnung		FlaMG 7,62mm

Im Rahmen der ab 1983 eingeführten neuen Heeresstruktur verschwanden eine ganze Menge Kanonenjagdpanzer aus der Truppennutzung und wurden als überzählig eingestuft. Von diesen überzähligen Kanonenjagdpanzern wurden 486 Stück zum Beobachtungs- und Führungspanzer umgebaut bzw. nachgerüstet. Dabei entfiel die 90-mm-Bordkanone, wobei die Kanonenblende aus Gewichts- und Stabilitätsgründen beibehalten werden musste. Der BeobPz/FuePz erhielt eine drehbare Optik vor der Kommandantenluke und eine zusätzliche Funkanlage. Die drehbare Optik wurde ab 1990 durch ein Zielortungsgerät auf Hublafette ersetzt.

Der Beob/FuePz wurde bei den FArtBtl, PzArtBtl und den PzMrsKp und als Führungsfahrzeug bei der Panzerjäger-Truppe eingesetzt. Die Dienstzeit endete 2003, sie wurden danach durch den Marder 1A3 VB-Trupp ersetzt und ausgesondert.

BeobPz Art M 113 A2 G

Der Artillerie-BeobPz Art M 113 A2 G wurde als Gefechtsfahrzeug für den vorgeschobenen Beobachter der Panzerartillerietruppe eingesetzt. Von 1982 bis 1985 gingen insgesamt 320 BeobPz an die Panzerartillerie, sie wurden Ende 2002 wieder ausgesondert. Charakteristisch für den BeobPz war die um 400 mm erhöhte Panzerwanne, um das aus- und einfahrbare Periskop und den Beobachterplatz unterbringen zu können. Das Doppelperiskop P1, das um 360 Grad drehbar war, verfügte über ein Laser-Entfernungsmessgerät. Dazu kam eine zusätzliche Navigationsanlage zur Standortbestimmung des Fahrzeugs. Der von Thyssen-Henschel entwickelte BeobPz war Bestandteil des IFAB-Systems, einem Vorläufer des später eingeführten Adler-Systems.

Typ		Beobachtungspanzer
Hersteller		M 113 A2G(EFT)
Herstellerland		FMC / FFG
Gefechtsgewicht	**kg**	USA / Deutschland
Länge	**mm**	11300
Breite	**mm**	5350
Höhe	**mm**	2690
Motortyp		3040
Hubraum	**ccm**	GMC Diesel 6V53
Leistung	**kW/PS**	5520
Steigfähigkeit	**%**	154 / 210
Höchstgeschw.	**km/h**	60
Kraftstoffvorrat	**ltr**	40
Verbr.	**ltr/100 km**	720
Fahrber. Straße	**km**	90
Besatzung		800
Bewaffnung		1 MG 7,62

SpPz Luchs

Typ		Spähpanzer Luchs
Hersteller		Thyssen-Henschel
Herstellerland		Deutschland
Gefechtsgewicht	**kg**	19600
Länge üb. Rohr	**mm**	7743
Breite	**mm**	2980
Höhe	**mm**	2056
Motortyp		MB OM403VA
Hubraum	**ccm**	15950
Leistung	**kW/PS**	286 / 389
Steigfähigkeit	**%**	50
Höchstgeschw.	**km/h**	90
Kraftstoffvorrat	**ltr**	500
Verbr.	**ltr/100 km**	70
Fahrber. Straße	**km**	720
Besatzung		4

Rund 20 Jahre nach Gründung der Bundeswehr wurden die ersten gepanzerten Radfahrzeuge mit der Bezeichnung »Spähpanzer 2« (SpPz-Luchs) beschafft. Der Spähpanzer Luchs ist schwimmfähig, hat eine 8 Rad-Lenkung und eine 20-mm-Bord-Maschinenkanone für den Kampfeinsatz. Der »Luchs« ersetzte den Schützenpanzer kurz Hotchkiss und den leichten Kampfpanzer M41. Der Beschaffungsauftrag über 408 dieser Radpanzer wurde zwischen 1975 und 1977 von der Firma Thyssen-Henschel abgewickelt. Die Besatzung des Spähpanzers besteht aus einem Kommandant, einem Richtschützen, einem Kraftfahrer für Vorwärts- und einem Kraftfahrer für Rückwärtsfahrt, der gleichzeitig auch die Funkanlage bedient. Nach mehreren Kampfwertsteigerungen erhöhte sich das Gewicht des Fahrzeuges so erheblich, dass ab 1986 der Schwimmbetrieb für den SpPz untersagt wurde. Der SpPz Luchs soll bis 2015 durch den GTK-Boxer 8x8 (gepanzertes Transportkraftfahrzeug) ersetzt werden.

SPz Marder 1A3 VB

Die Beendigung des Kalten Krieges und die anschließende Reduzierung von Truppenstärken und Fahrzeugbeständen machte auch einige Marder 1A3 überflüssig. Das führte zu einer neuen Marder-Variante. Schon Mitte der 80er Jahre hatten Pläne existiert, einen Verbindungspanzer für die Mörsertruppe bzw. einen Beobachtungspanzer für die Panzerartillerie zu schaffen. Basis dafür sollte der Leopard 1A5 sein, ein entsprechender Umbau war aber nicht machbar. Daher wurde ab Oktober 2003 der Marder 1A3 als VB-Trp für diese Aufgaben herangezogen. Das Fahrzeug erhielt an Stelle des PzAbwLRakSys Milan eine Halterung für das Zielortungsgerät TZG90, außerdem wurde der Einbausatz »Verbindungstrupp« nachgerüstet.

Jetzt endlich hatte der Beob/FuePz auf Basis JPz 4-5 Kanone, der Ende der 90er Jahre aus der Nutzung genommen wurde, einen Nachfolger gefunden.

Typ		Marder 1A3 VB-Trp
Hersteller		Henschel-Wehrtechnik
Herstellerland		Deutschland
Gefechtsgewicht	**kg**	33500
Länge üb. Rohr	**mm**	6880
Breite	**mm**	3380
Höhe	**mm**	3015
Motortyp		MB 833 Ea-500
Hubraum	**ccm**	22400
Leistung	**kW/PS**	440 / 600
Steigfähigkeit	**%**	60
Höchstgeschw.	**km/h**	65
Kraftstoffvorrat	**ltr**	650
Verbr.	**ltr/100 km**	130
Fahrber. Straße	**km**	500
Besatzung		9
Bewaffnung		1 MK 20 L85 1 Fla-MG 7,62mm
Änderung zum A3		Umrüstung zum VB-Trp PzMrs durch Zielortungsgerät (TZG 90)

WaTrg Wiesel 1 AOZ

Die Firma Rheinmetall-Landsysteme entwickelte 2002 ein Wiesel 1-Aufklärungsfahrzeug. Das Fahrzeug sollte bei den Luftlandeverbänden der Bundeswehr eine Aufklärungslücke schließen. Zu diesem Zweck wurden Waffenträger Wiesel 1 TOW zur Aufklärungsversion umgebaut. Dafür wurde die Waffenanlage entfernt und ein erhöhtes Fahrzeugdach aufgesetzt.
Der Wiesel kann nun das Gefechtsfeld-Beobachtungssystem AOZ2000 (dessen Sensoren an einem bis 3 m Höhe ausfahrbaren Hubmast montiert sind) aufnehmen. Der aus drei Mann bestehenden Besatzung steht zur Eigenverteidigung ein von innen richtbares MG3A1 zur Verfügung. Am Bug des Fahrzeuges befindet sich eine Staukiste, die für die persönliche Ausrüstung der Soldaten verwendet werden kann.
Die Bundeswehr hat einen Bedarf von 30 Fahrzeugen angemeldet.

Typ		Wiesel 1 Aufklärungspanzer
Hersteller		MaK
Herstellerland		Deutschland
Gefechtsgewicht	**kg**	3226
Länge	**mm**	3550
Breite	**mm**	1820
Höhe	**mm**	1830
Motortyp		VW 5 Zyl. Dieselmotor
Hubraum	**ccm**	1994
Leistung	**kW/PS**	64 / 87
Steigfähigkeit	**%**	60
Höchstgeschw.	**km/h**	70
Kraftstoffvorrat	**ltr**	80
Verbr.	**ltr/100 km**	29
Fahrber. Straße	**km**	280
Besatzung		3
Bewaffnung		1 Fla-MG 7,62mm

SPz lang FüFu HS 30 Typ 21-3

Typ		Führungspanzer HS 30 21-3
Hersteller		Hanomag, Henschel, Leyland
Herstellerland		Deutschland / England
Gefechtsgewicht	**kg**	14600
Länge üb. Kanone	**mm**	5540
Breite	**mm**	2547
Höhe	**mm**	1850
Motortyp		Rolls-Royce B81Mk80F
Hubraum	**ccm**	6516
Leistung	**kW/PS**	162 / 220
Steigfähigkeit	**%**	60
Höchstgeschw.	**km/h**	55
Kraftstoffvorrat	**ltr**	340
Verbr.	**ltr/100 km**	125
Fahrber. Straße	**km**	270
Besatzung		?
Bewaffnung		1 MK 20L85

Der SPz lang FüFu HS 30 Typ 21-3 sah aus wie ein SPz Gruppe. Bewaffnet mit einer 20-mm-Bordkanone im Drehturm, war er jedoch mit einer erweiterten Funkgeräteausstattung aus deutscher und amerikanischer Fertigung ausgestattet. Eingebaut war u.a. das US-Gerät GRC 3-8 und später der deutsche Funkgerätesatz SEM 25/35. Der FüFu wurde bei den Pz-Grenadieren, bei PzBttl und Brigadestäben eingesetzt. Die technischen Daten entsprachen ansonsten dem des Gruppenfahrzeuges, und damit auch Mängel an Getriebe, Kühlsystem und Kette. So verschwanden die HS 30 nach nur zehn Jahren wieder aus dem Truppendienst, die letzten Schützenpanzer wurden 1974 ausgemustert. Ihre Nachfolge trat der Schützenpanzer Marder an, eine rein deutsche Entwicklung.

SPz lang FltPZ HS 30 Typ 81-3

Die Panzerartillerietruppe erhielt 80 Feuerleitpanzer HS 30 Typ 81-3. Für dessen Bedienung waren fünf Mann erforderlich. Der Typ 81-3 diente als Befehlsfahrzeug bei den PzArtillBttl und war lediglich mit einem MG 7,62 mm bewaffnet. Im Vergleich zu den anderen HS 30 war hier der geschützte Kampfraum höher gezogen, um Platz für die erforderliche Bedienermannschaft zu schaffen.
Der Feuerleitpanzer war mit zusätzlichen Beobachtungs- und Feuerleitgeräten sowie einer erweiterten Funkgeräteausstattung ausgerüstet. Ersetzt wurden die Fahrzeuge durch den Feuerleitpanzer Artillerie der bewährten M 113-Familie. Der Einsatzzeitraum lag bis etwa 1974.

Typ		Feuerleitpanzer HS 30 81-3
Hersteller		Hanomag, Henschel, Leyland
Herstellerland		Deutschland / England
Gefechtsgewicht	**kg**	14600
Länge	**mm**	5540
Breite	**mm**	2547
Höhe	**mm**	1850
Motortyp		Rolls-Royce B81Mk80F
Hubraum	**ccm**	6516
Leistung	**kW/PS**	162 / 220
Steigfähigkeit	**%**	60
Höchstgeschw.	**km/h**	55
Kraftstoffvorrat	**ltr**	340
Verbr.	**ltr/100 km**	125
Fahrber. Straße	**km**	270
Besatzung		1 + 4
Bewaffnung		1 MG 7,62mm

FüFu M 113

Ein Führungsfunkpanzer dient als Führungs- und Funkstelle. Vom FüFu aus werden einzelne Einheiten geführt und die Verbindung zu den vorgeschalteten Kommandos, aber auch zu Nachbarverbänden gehalten. Der FüFu basiert auf dem Rüststand M 113 A2. Der Unterschied zum Basisfahrzeug besteht in der umfangreichen Zusatzausstattung mit Funk- Sprech- und Datenfunkgeräten. Zwei FüFu-Panzer bilden dabei einen mobilen Gefechtsstand. Der FüFu durchlief sämtliche Kampfwertsteigerungsmaßnahmen und wurde zusätzlich dem EFT-Programm unterzogen, was das Anbringen von zwei Außentankanlagen mit je 180 Litern bedeutete.
Aufgrund des dann zu hohen Gewichts wurde die Schwimmerlaubnis entzogen und die zulässige Höchstgeschwindigkeit herabgesetzt.

Typ		Führungs- / Funkpanzer	
		M 113G	M 113 A2G(EFT)
Hersteller		Food Maschinery Corp.	FMC / FFG
Herstellerland		USA	USA / Deutschland
Gefechtsgewicht	**kg**	10400	11300
Länge	**mm**	4860	5350
Breite	**mm**	2690	2690
Höhe	**mm**	2200	2640
Motortyp		Vergasermotor A 710B	GMC Diesel 6V53
Hubraum	**ccm**	5920	5520
Leistung	**kW/PS**	124 / 170	154 / 210
Steigfähigkeit	**%**	60	60
Höchstgeschw.	**km/h**	64	40
Kraftstoffvorrat	**ltr**	300	720
Verbr.	**ltr/100 km**	120	90
Fahrber. Straße	**km**	250	800
Bewaffnung		1 MG 7,62	

Typ		Fliegerleitpanzer M 113 A1
Hersteller		FMC / FFG
Herstellerland		USA / Deutschland
Gefechtsgewicht	**kg**	11300
Länge	**mm**	4870
Breite	**mm**	2690
Höhe	**mm**	2640
Motortyp		GMC Diesel 6V53
Hubraum	**ccm**	5520
Leistung	**kW/PS**	154 / 210
Steigfähigkeit	**%**	60
Höchstgeschw.	**km/h**	40
Kraftstoffvorrat	**ltr**	305
Verbr.	**ltr/100 km**	69
Fahrber. Straße	**km**	400

FlgLtPz M 113

Die Bundeswehr, die bis Mitte der 80er-Jahre über 4000 M 113 beschaffte, unterzog die ursprünglich von der amerikanischen Food Machinery Corporation (FMC), heute United Defense, gefertigten Panzer diversen Nutzungsdauerverlängerungen NDV. Eine Flensburger Firma entwickelte entsprechende Konzepte, unterschieden nach Gewicht: NDV 1 umfasste die Fahrzeuge bis 12,5 Tonnen, die NDV 2 die Fahrzeuge der darüber liegenden Gewichtsklasse. Beim Fliegerleitpanzer dagegen wurde weder die eine noch die andere Maßnahme durchgeführt, er ist inzwischen ausgemustert. Die Basis bildeten überzählige M 113 in der Grundversion. Bestückt mit den erforderlichen Sprechfunkverbindungen für die Kommunikation zwischen Heer und Luftwaffe, weist der Forword AIR Controller (FAC) Luftfahrzeuge auf dem Gefechtsfeld ein. Mit seinen 11,2 t wäre der FlgLtPz M 113 ein Kandidat für die NDV 1 gewesen.

FltPz Art M 113 A1 GE

Typ		Feuerleitpanzer Artillerie M 113 A1	M 113 A2 (EFT)GE
Hersteller		FMC / FFG	FMC / FFG
Herstellerland		USA / D	USA / D
Gefechtsgewicht	**kg**	11300	11300
Länge	**mm**	4870	5350
Breite	**mm**	2690	2690
Höhe	**mm**	2640	2640
Motortyp		GMC Diesel 6V53	GMC Diesel 6V53
Hubraum	**ccm**	5520	5520
Leistung	**kW/PS**	154 / 210	154 / 210
Steigfähigkeit	**%**	60	60
Höchstgeschw.	**km/h**	40	40
Kraftstoffvorrat	**ltr**	305	665
Verbr.	**ltr/100 km**	69	90
Fahrber. Straße	**km**	400	700

Der ab 1978 eingeführte Feuerleitpanzer Artillerie diente als mobile, EDV- gestützte Feuerleitzentrale der Artillerie und wurde im Rahmen der NDV 1 umgerüstet. Nach dieser Umrüstung (FltPz Art M 113 EFT G3 GEAO) fungierte er als Feuerleitstelle für die PzH 2000 bzw. als Bindeglied zwischen mPzH M 109 und der PzArtBttr. Im Rahmen der NDV 1 wurde ein neues Bremssystem mit kombinierter Betriebs- und Feststellbremse, ein neuer Fahrerstand inklusive Steueranlage (statt der bis dahin üblichen Hebel kam ein V-förmiges Steuerrad) und ein neues Kettensystem eingeführt. Die Umrüstung erfolgte in den Jahren 1996 bis 1999. 2003 verloren die bis dahin noch eingesetzten Fahrzeuge die Betriebserlaubnis, man legte sie still. Ihre Funktion nimmt inzwischen die Zugfeuerleitstelle ARES II auf Lkw 5 ton wahr.

gepGefStdFz M 577 A1 GE

Der M 577A1G dient als mobiler Gefechtsstand bei der Bundeswehr. Das Heer beschaffte in den Jahren 1975/76 insgesamt 220 Exemplare, die ab 1986 durch den Einbau verschiedener Rüstsätze auf den Stand A1GE gebracht wurden. Eingesetzt werden die Gefechtsstandfahrzeuge mit M 113-Komponenten bei den Brigaden und Divisionsstäben. Ein funktionsfähiger Gefechtsstand besteht in der Regel aus drei oder vier Gefechtsstandfahrzeugen, die durch Zelte miteinander verbunden werden. Jedes Fahrzeug nimmt dabei eine anderer Funktion wahr (Führung, Kommunikation, Information). Zusammen schaffen sie die Voraussetzung, die Führung mit den notwendigen aktuellen Informationen zu versehen. Dafür ist eine hohe Mobilität und große Beweglichkeit im Gelände unerlässlich. Trotz des hohen Einsatzalters sind die M 577 noch im Einsatz. Letztmals 1997 umgerüstet (NDV 2, neuer MTU-Diesel), ist deren Ablösung durch gepanzerte Radfahrzeuge wie den »Boxer« aber nun beschlossene Sache.

Typ		Gefechtsstandfahrzeug	
		M 577A1GE	M 577A3GE
Hersteller		FMC + Henschel-Wehrtechnik	FMC + FFG
Herstellerland		USA / Deutschland	USA / Deutschland
Gefechtsgewicht	**kg**	11400	12500
Länge	**mm**	4930	
Breite	**mm**	2540	
Höhe	**mm**	2750	
Motortyp		Detroit Diesel 6V53	MTU 6V183 TC22
Hubraum	**ccm**	5220	10960
Leistung	**kW/PS**	154 / 210	220 / 300
Steigfähigkeit	**%**	60	
Höchstgeschw.	**km/h**	64	62
Kraftstoffvorrat	**ltr**	360	
Verbr.	**ltr/100 km**	69	110
Fahrber. Straße	**km**	480	
Besatzung		4	
Bewaffnung		1 FlaMG 7,62mm	
Erkennungsmerkmal			geänderte Motorhalterung an der Front

mKPz M 47

Im Januar 1956 erhielt die Bundeswehr in Andernach im Rahmen einer Feierstunde die ersten 14 Kampfpanzer M 47. Übergeben im Rahmen der gegenseitigen Nato-Hilfe, gingen letztlich fast 1000 Fahrzeuge an die neu entstehenden deutschen Panzerverbände. Der 46 t schwere Kampfpanzer war eine Entwicklung aus dem Jahre 1950 und seit 1952 in der Serienproduktion. Von den US-Streitkräften vor allem in Korea eingesetzt, entstand die Wanne des M47 im Stahlgussverfahren, was für damalige Zeiten neu war: Das aufwändige Verschweißen entfiel. Im Turm des Panzers befand sich eine 90-mm-BK/ M 36 / L 50 und ein koaxiales Blenden-MG cal. 30 (7,62 mm). Ein weiteres MG cal. 50 (12,7 mm) war als FlaMG auf dem Turm angebracht. Der Sprechverkehr erfolgte mittels einer Bordsprechanlage. Ebenfalls neu war ein eingebauter optischer Entfernungsmesser.

Der Patton, benannt nach dem legendären amerikanischen General, war allerdings nicht frei von Mängeln. Dazu gehörten die beengten Platzverhältnisse, bedingt durch die fünfköpfige Besatzung (üblich zur damaligen Zeit vier Soldaten), die Auspuffanlage, durch deren Ritzen Flammen schlugen und dadurch die Triebwerksabdeckung zum Glühen brachte, oder die zu schwachen Antriebszahnkränze. Außerdem verschlang der Continental-Zwölfzylinder Unmengen von Ottokraftstoff. Die Fahrzeuge wurden ab 1958 schrittweise durch den verbesserten M 48 ergänzt und dann ersetzt. Mitte der 60er Jahre wurden die letzten M 47, mittlerweile auf eine vierköpfige Besatzung umgestellt, ausgemustert.

Typ	Kampfpanzer M 47
Hersteller	Detroit-Tank-Arsenal und American Locomotive Comp.
Herstellerland	USA
Gefechtsgewicht kg	44000
Länge üb. Kanone mm	8500
Breite mm	3500
Höhe üb. FlaMG mm	2960
Motortyp	Continental AV-1790-5B
Hubraum ccm	29363
Leistung kW/PS	604 / 821
Steigfähigkeit %	60
Höchstgeschw. km/h	65
Kraftstoffvorrat ltr	530
Verbr. ltr/100 km	300
Fahrber. Straße km	175
Besatzung	5
Bewaffnung	1 Kanone 900mm L/48 1 FlaMG cal. 50 1 BordMG cal. 30
Muni-Vorrat Schuss	71

KPz M 48 A1

Da bereits bei der Einführung des Kampfpanzers M 47 klar war, dass dieser den Anforderungen der Bundeswehr nicht genügen würde, entschloss sich das Verteidigungsministerium unter dem damaligen Minister Franz-Josef Strauß bereits Ende 1957 für die Beschaffung des Nachfolgemodells mit der US-Typbezeichnung Kampfpanzer M 48 A1. Dieser befand sich zu dieser Zeit in Einführung bei der US Army. Viele der M-47-Schwachstellen waren hier bereits ausgemerzt.
Dazu gehörten der geräumigere Turm, die verbesserte Panzerung speziell im Frontbereich und am gegossenen Turm, in dem sich eine 90-mm-BK befand. Die Bedienung bestand jetzt nur noch aus Kommandant, Fahrer, Richtschütze und Ladeschütze. Der Eigensicherung diente ein Fla-MG sowie ein koaxiales Bug-MG. Leider blieb es beim durstigen und leicht in Flammen aufgehenden Benzin-Motor. Im Truppeneinsatz zeigten sich jedoch weitere technische Mängel, die eine erneute Überarbeitung notwendig machten und zum M 48 A2 führten.

Typ	Kampfpanzer M 48A1
Hersteller	General-Motors-Corp.
Herstellerland	USA
Gefechtsgewicht kg	46000
Länge üb. Kanone mm	8811
Breite mm	3630
Höhe üb. FlaMG mm	3090
Motortyp	Continental AV-1790-7C
Hubraum ccm	29363
Leistung kW/PS	604 / 821
Steigfähigkeit %	60
Höchstgeschw. km/h	45
Kraftstoffvorrat ltr	757
Verbr. ltr/100 km	700
Fahrber. Straße km	100
Besatzung	4
Bewaffnung	1 Kanone 90mm L/48 1 MG cal. 50 1 MG cal. 30
Muni-Vorrat Schuss	60

KPz M 48 A2

Die Kampfwertsteigerung, die zum M 48 A2 führte, umfasste u.a. den Einbau eines stärkeren Ottomotors mit 837 PS und eine erhöhte Motorenabdeckung mit Luftfilter an der Rückfront. Letztere verbesserte die Luftversorgung des Motors. Außerdem erfolgten Änderungen am Laufwerk. Sparsamer war der M 48 dennoch nicht geworden, er verbrauchte 500 Liter Sprit auf etwa 100 Kilometer Fahrstrecke – beinahe das Doppelte von dem, was später der Leopard verbrannte. Vom A2 beschaffte die BW in den Jahren 1959/60 insgesamt 1492 Exemplare. Ausgerüstet wurden damit alle Panzer- und Panzergrenadier-Divisionen der Bundesrepublik. Der Kampfpanzer M 48 A2 mit seiner 90-mm-Kanone und 60 Schuss an Bord, avancierte somit in den 60er Jahren zum Standardpanzer der BW schlechthin.

Typ		Kampfpanzer M 48A2
Hersteller		General-Motors-Corp.
Herstellerland		USA
Gefechtsgewicht	**kg**	48000
Länge üb. Kanone	**mm**	8680
Breite	**mm**	3630
Höhe üb. FlaMG	**mm**	3090
Motortyp		Continental AV-1790-8
Hubraum	**ccm**	29363
Leistung	**kW/PS**	615 / 837
Steigfähigkeit	**%**	60
Höchstgeschw.	**km/h**	51,5 zugelassen 32
Kraftstoffvorrat	**ltr**	1230
Verbr.	**ltr/100 km**	600
Fahrber. Straße	**km**	200
Besatzung		3
Bewaffnung		1 Kanone 90mm L/48 1 MG cal. 50 1 MG cal. 30
Muni-Vorrat	**Schuss**	60

KPz M 48 A2 C

Im Laufe der Einsatzjahre wurden an einem Teil der M 48 A2 immer wieder Kampfwertsteigerungen vorgenommen. So erhielt der M 48 A2 C einen IR-Weißlichtscheinwerfer sowie ein IR-Fahr- und Zielgerät zur Verbesserung der Nachtkampffähigkeit. Um die Trefferwahrscheinlichkeit bei Kampfentfernungen bis 1500 m zu verbessern, wurden wiederum einige A2 mit einem Raumbild-Entfernungsgerät versehen. Diese Fahrzeuge erhielten die Typbezeichnung M 48 A2 G. Alle bis dahin nachgerüsteten Fahrzeugen erhielten außerdem zwei Nebelwurfmittelgerätesätze am Turm, um den Eigenschutz im Gelände zu verbessern. Insgesamt wurden so im Laufe der Jahre zwischen 1960 und 1967 rund 650 Panzer umgerüstet. Alle M 48, bis auf den Minenräumpanzer »Keiler«, wurden mittlerweile ausgesondert. Sechs überzählige M 48 A2 baute man zu Bergeschleppern um, übergab diese aber nicht an die Truppe.

Typ		Kampfpanzer M 48A2C / M 48A2G
Hersteller		General-Motors-Corp.
Herstellerland		USA
Gefechtsgewicht	**kg**	48000
Länge üb. Kanone	**mm**	8680
Breite	**mm**	3630
Höhe üb. FlaMG	**mm**	3090
Motortyp		Continental AV-1790-8
Hubraum	**ccm**	29363
Leistung	**kW/PS**	615 / 837
Steigfähigkeit	**%**	60
Höchstgeschw.	**km/h**	51,5 zugelassen 32
Kraftstoffvorrat	**ltr**	1230
Verbr.	**ltr/100 km**	600
Fahrber. Straße	**km**	200
Besatzung		3
Bewaffnung		1 Kanone 90mm L/48 1 MG cal. 50 1 MG cal. 30
Muni-Vorrat	**Schuss**	60

KPz M 48 A2 G A2

Ende der 70 Jahre – der Kampfpanzer Leopard 1 war bereits bei den Panzerverbänden eingeführt – wurden die noch verbliebenen M 48 A2 G einer nochmaligen Kampfwertsteigerung unterzogen. Diese umfasste den Einbau einer neuen Bordwaffenanlage mit der 105-mm-Kanone L7 A3 des Leopard 1. Diese Bordkanonen waren überzählig, da der neue Kampfpanzer Leopard 2 mit 120-mm-BK demnächst eingeführt werden sollte. Vom Leopard 1 wurden außerdem die Kommandantenluke mit aufgesetztem Fla-MG im Drehring und ein Bildverstärker-Fahrgerät übernommen. Die Übernahme der Leopard-Baugruppen (es gab noch weitere) sparten Kosten, trieben die Standardisierung voran und erleichterten die Logistik. Nach Ablösung durch den Leopard 2 wurden die letzten M 48 aus dem aktiven Truppeneinsatz genommen und kurzzeitig den Heimatschutzbrigaden zugeteilt.

Typ		Kampfpanzer M 48A2GEA2
Hersteller		General-Motors-Corp. Umrüstung durch Wegmann
Herstellerland		USA
Gefechtsgewicht	**kg**	48000
Länge üb. Kanone	**mm**	9300
Breite	**mm**	3630
Höhe üb. FlaMG	**mm**	2900
Motortyp		Continental AVI-1790-8
Hubraum	**ccm**	29363
Leistung	**kW/PS**	615 / 837
Steigfähigkeit	**%**	60
Höchstgeschw.	**km/h**	51,5 zulässig 32
Kraftstoffvorrat	**ltr**	1230
Verbr.	**ltr/100 km**	700
Fahrber. Straße	**km**	175
Besatzung		4
Bewaffnung		1 Kanone 105mm L/51 1 FlaMG 7,62mm 1 BlendenMG 7,62mm
Muni-Vorrat	**Schuss**	46

Nach deren Auflösung gingen die M 48 an Nato-Partner oder wurden verschrottet.

KPz Leopard 1

Typ		Leopard 1A1
Hersteller		Krauss-Maffei
Herstellerland		Deutschland
Gefechtsgewicht	**kg**	40000
Länge üb. Kanone	**mm**	9540
Breite	**mm**	3370
Höhe üb. FlaMG	**mm**	2620
Motortyp		MB 838CaM-500
Hubraum	**ccm**	37330
Leistung	**kW/PS**	610 / 830
Steigfähigkeit	**%**	60
Höchstgeschw.	**km/h**	64
Kraftstoffvorrat	**ltr**	955
Verbr.	**ltr/100 km**	180
Fahrber. Straße	**km**	530
Besatzung		4
Bewaffnung		105mm L/51 1 koaxiales-MG 7,62mm 1 Fla-MG 7,62mm
Erkennungsmerkmal		Gussturm

Nach Aufstellung der Bundeswehr war schnell klar, dass die von der US-Army erworbenen Kampfpanzer M 47 und M 48 nicht mehr dem neuesten Stand der Technik entsprachen. So begann die deutsche Industrie 1957 unter der nüchternen Bezeichnung »Standardpanzer« mit der Entwicklung einer eigenen Fahrzeugfamilie, die den europäischen Bedürfnissen besser angepasst war. Der Panzer in der 30-t-Klasse wurde von einem Firmenkonsortium entwickelt, das 1960 die ersten Standardpanzer (die später die Bezeichnung »Leopard« erhielten) der 0-Serie vorstellte; für Vortrieb sorgte ein 830 PS starker Zehnzylinder-Diesel der Daimler-Benz-Tochter MTU. Die Bordkanone im Gussstahl-Drehturm stammte aus britischer Entwicklung. Das Stützrollenlaufwerk mit sieben Radpaaren verfügte über Drehstabfederung, die Gleiskette stammte von der deutschen Firma Diehl. Nach ausgiebiger Erprobung begann man ab 1965 mit der Serienfertigung. Die ersten Kampfpanzer rollten am 09.09.65 bei Krauss-Maffei in München vom Montageband.

KPz Leopard 1A2

In der fast zehnjährigen Bauzeit wurden etwa 2400 Kampfpanzer in verschiedenen Baulosen gefertigt. Allein vom Leopard 1A1 entstanden in vier Baulosen 1845 Exemplare. Während der Fertigung des letzten Bauloses wurden bereits erste Kampfwertsteigerungen durchgeführt. So wurde eine Waffenstabilisierungsanlage, eine Rohrschutzhülle und klappbare Panzerschürzen nachgerüstet bzw. angebracht. Diese Kampfwertsteigerung wurde nachträglich auch an den übrigen Fahrzeugen der Baulose 1 bis 3 durchgeführt. Das fünfte Baulos umfasste 342 Fahrzeuge, darunter 232 in der Version Leopard 1A2. Dieser, gebaut ab 1973, unterschied sich vom 1A1 durch den verstärkten Panzerschutz am Gussturm. Für den Fahrer und Kommandanten wurde ein neues Bildverstärker-Fahrgerät nachgerüstet. Der Leopard 1A2 wog 43 t und ersetzte beim II. Korps die Kampfpanzer M48A2.

Typ		Leopard 1A2
Hersteller		Krauss-Maffei
Herstellerland		Deutschland
Gefechtsgewicht	kg	42400
Länge üb. Kanone	mm	9540
Breite	mm	3370
Höhe üb. FlaMG	mm	2620
Motortyp		MB 838CaM-500
Hubraum	ccm	37330
Leistung	kW/PS	610 / 830
Steigfähigkeit	%	60
Höchstgeschw.	km/h	64
Kraftstoffvorrat	ltr	955
Verbr.	ltr/100 km	180
Fahrber. Straße	km	530
Besatzung		4
Bewaffnung		105mm L/51 1 koaxiales-MG 7,62mm 1 Fla-MG 7,62mm
Erkenungsmerkmal		Gussturm verstärkt und geänderte Auslassgrätings

KPz Leopard 1A3

Die Fahrzeuge des fünften Bauloses (110 Fahrzeuge) erhielten einen völlig neuen, etwas leichteren Turm und damit wiederum eine neue Typenbezeichnung (Leopard 1A3). Der Turm wurde in Schottbauweise gefertigt, war geschweißt und hatte eine keilförmige Blende. Am Turmheck befanden sich zusätzliche Staukästen für den Zielscheinwerfer mit Zubehör. Für den Ladeschützen wurde zur Sichtverbesserung ein dreh- und kippbarer Winkelspiegel eingebaut bzw. angebracht. Mit Auslieferung dieses Bauloses erhöhte sich der Bestand an Leopard-Kampfpanzern der Serien 1A1 bis 1A3 auf 2120 Exemplare. Weitere 90 Leopard 1 befanden sich bei den Schulen und Erprobungsstellen; weitere 227 Kampfpanzer waren der Kreis- bzw. Umlaufreserve zugeteilt.

Typ		Leopard 1A3
Hersteller		Krauss-Maffei
Herstellerland		Deutschland
Gefechtsgewicht	**kg**	42400
Länge üb. Kanone	**mm**	9540
Breite	**mm**	3370
Höhe üb. FlaMG	**mm**	2620
Motortyp		MB 838CaM-500
Hubraum	**ccm**	37330
Leistung	**kW/PS**	610 / 830
Steigfähigkeit	**%**	60
Höchstgeschw.	**km/h**	64
Kraftstoffvorrat	**ltr**	955
Verbr.	**ltr/100 km**	180
Fahrber. Straße	**km**	530
Besatzung		4
Bewaffnung		105mm L/51 1 koaxiales-MG 7,62mm 1 Fla-MG 7,62mm
Erkennungsmerkmal		geschweißter Turm

KPz Leopard 1A4

Eine weitere Variante des Leopard 1 mit dem charakteristischen langgestreckten A3-Turm war der Leopard 1A4. Mit diesem sechsten Baulos endeten die Lieferungen an die Bundeswehr. Die A4-Variante hatte im Gegensatz zum Leopard 1A3 eine verbesserte Feuerleitanlage, ein rechnergesteuertes Raumbild-Entfernungsmessgerät, ein eigenstabilisiertes Rundblickperiskop mit Nachtsichtfähigkeit für den Kommandanten und ein geändertes Hilfszielfernrohr für den Richtschützen. Das letzte Baulos umfasste 250 Kampfpanzer, die von August 1974 bis März 1976 ausgeliefert wurden.

Typ		Leopard 1A4
Hersteller		Krauss-Maffei
Herstellerland		Deutschland
Gefechtsgewicht	**kg**	42400
Länge üb. Kanone	**mm**	9540
Breite	**mm**	3370
Höhe üb. FlaMG	**mm**	2620
Motortyp		MB 838CaM-500
Hubraum	**ccm**	37330
Leistung	**kW/PS**	610 / 830
Steigfähigkeit	**%**	60
Höchstgeschw.	**km/h**	64
Kraftstoffvorrat	**ltr**	955
Verbr.	**ltr/100 km**	180
Fahrber. Straße	**km**	530
Besatzung		4
Bewaffnung		105mm L/51 1 koaxiales-MG 7,62mm 1 Fla-MG 7,62mm
Erkennungsmerkmal		geschweißter Turm / Laserentfernungsmessgerät

KPz Leopard 1A5

Im Zeitraum von 1986 bis 1992 wurde das letzte Kampfwertsteigerungsprogramm am Leopard 1 durchgeführt. Damit einher ging auch ein Wechsel in der Bezeichnung, so figurierten nun die Leopard der ersten bis vierten Baulose als Leopard 1A1A1 bis 1A1A4. Die mittlerweile auf dem Stand des Leopard 1A2 gebrachten Kampfpanzer wurden zum Leopard 1A5 umgerüstet. Im Rahmen des KWS-Programms kamen eine rechnergestützte Feuerleitanlage, ein Wärmebildgerät und ein Laserentfernungsmesser. Sämtliche Leopard 1A5 wurden für eine weitere Kampfwertsteigerung (Einbau einer 120-mm-Glattrohrkanone) vorbereitet, die jedoch nicht mehr erfolgte. Ab 2003 wurden sämtliche Leopard 1A5 aus der Nutzung genommen. Die Bataillone wurden aufgelöst oder erhielten den Leopard 2.

Typ		Leopard 1A5
Hersteller		Krauss-Maffei
Herstellerland		Deutschland
Gefechtsgewicht	**kg**	42400
Länge üb. Kanone	**mm**	9540
Breite	**mm**	3370
Höhe üb. FlaMG	**mm**	2620
Motortyp		MB 838CaM-500
Hubraum	**ccm**	37330
Leistung	**kW/PS**	610 / 830
Steigfähigkeit	**%**	60
Höchstgeschw.	**km/h**	64
Kraftstoffvorrat	**ltr**	955
Verbr.	**ltr/100 km**	180
Fahrber. Straße	**km**	530
Besatzung		4
Bewaffnung		105mm L/51 1 koaxiales-MG 7,62mm 1 Fla-MG 7,62mm
Erkennungsmerkmal		geschweißter Turm / Laserentfernungsmessgerät

Foto: Krauss-Maffei Wegmann & Co. KG

Viele Nato-Partner nutzen den Leopard, so auch Kanada. Dieses Bild zeigt einen Leopard C2 einer kanadischen Einheit bei der Verladung in eine amerikanische C-17 Globemaster III der US Air Force für den Transport nach Afghanistan.
Die kanadischen Leopard, ursprünglich auf dem Rüststand Leopard 1A3, wurden im Jahre 2000 einer Kampfwertsteigerung unterzogen. Sie erhielten die A5-Türme und eine Zusatzpanzerung. Foto: US Air Force

KPz Leopard 2A0

Typ		Leopard 2A0
Hersteller		MaK / Krauss-Maffei
Herstellerland		Deutschland
Gefechtsgewicht	**kg**	55150
Länge üb. Rohr	**mm**	9610
Breite	**mm**	3700
Höhe üb. FlaMG	**mm**	2790
Motortyp		MTU MB873Ka501
Hubraum	**ccm**	47600
Leistung	**kW/PS**	1104 / 1500
Steigfähigkeit	**%**	60
Höchstgeschw.	**km/h**	72
Kraftstoffvorrat	**ltr**	1200
Verbr.	**ltr/100 km**	218
Fahrber. Straße	**km**	550
Besatzung		4
Bewaffnung		120mm Glattrohr je 1Fla und BordMG 7,72mm
Muni-Vorrat	**Schuss**	42

Da bei der Bundeswehr der betagte M 48 und bei der US-Army der Kampfpanzer M 60 durch ein moderneres Fahrzeug ersetzt werden sollte, wurde 1965 ein bilaterales Abkommen zur Entwicklung eines neuen Kampfpanzer geschlossen. Dieses gemeinsame Vorhaben mit der Bezeichnung »Kampfpanzer 70« wurde jedoch im Jahre 1969 aus Kosten- und Entwicklungsgründen wieder eingestellt. 1970 erhielt dann die deutsche Firma Porsche den Auftrag, basierend auf den KPz-70-Erfahrungen den neuen Kampfpanzer »Leopard 2« zu entwickeln. 1979 wurde dann der erste von der Firma Krauss-Maffei-Wehrtechnik in München gebaute Serien-Leopard an die Truppe übergeben. Parallel dazu nahm auch die Kieler Firma MaK den Serienbau auf. Beide Firmen bauten in acht Baulosen bis März 1992 insgesamt 2125 Kampfpanzer. Ursprünglich waren nur fünf Baulose mit 1800 Stück vorgesehen.

Mit jedem neuen Baulos kamen weitere Verbesserungen. Das erste Los, gebaut von Oktober 1979 bis März 1982, umfasste 380 KPz, davon 171 aus MaK-Produktion. Diese Fahrzeuge wurden später auf den Stand A2 umgerüstet.

KPz Leopard 2A1

Mit Beginn des zweiten Bauloses (3/82-11/83) bekam der Leopard 2A1 ein Wärmebildgerät, welches die passive Ortung, Erkennung, Identifizierung und Bekämpfung von Zielen bei schlechten Wetterbedingungen sowie bei Nacht ermöglichte. Dafür entfiel der Querwindsensor und das bisherige Ziel- und Ortungsgerät PZB 200. Ferner wurden eine Reihe von Änderungen eingebracht, die die Leistungsfähigkeit bzw. die Standfestigkeit des Waffensystems erhöhten. So wurde der Tankeinfüllstutzen weiter nach vorne verlegt und eine Außenbordsprechanlage am Turmheck angebracht. Beim dritten Baulos setzte man das Kommandantenperiskop um 50 mm höher. Insgesamt entstanden 450 Leo 2A1, davon 202 bei MaK. Der darauf folgende Leopard 2A2 unterschied sich von außen nicht vom 2A1, es handelte sich um einen umgerüsteten 2A0 des ersten Bauloses mit Wärmebildgerät, aber ohne PZB 200.

Typ		Leopard 2A1
Hersteller		MaK / Krauss-Maffei
Herstellerland		Deutschland
Gefechtsgewicht	**kg**	55150
Länge üb. Rohr	**mm**	9610
Breite	**mm**	3700
Höhe üb. FlaMG	**mm**	2790
Motortyp		MTU MB873Ka501
Hubraum	**ccm**	47600
Leistung	**kW/PS**	1104 / 1500
Steigfähigkeit	**%**	60
Höchstgeschw.	**km/h**	72
Kraftstoffvorrat	**ltr**	1200
Verbr.	**ltr/100 km**	218
Fahrber. Straße	**km**	550
Besatzung		4
Bewaffnung		120mm Glattrohr je 1Fla und BordMG 7,72mm
Muni-Vorrat	**Schuss**	42

KPz Leopard 2A3

Die Fahrzeuge des vierten Bauloses (12/84-12/85) entstanden bei Krauss-Maffei in München (165 Stück) und MaK in Kiel (135 Stück). Sie hatten bereits werksseitig den neuen Dreifleckentarnanstrich in den Farben bronzegrün, teerschwarz und lederbraun. Wichtigste technische Neuerung des Leopard 2A3 war die neue Funkanlage SEM 80/90, die an den kürzeren Antennen und schmäleren Antennenfüßen zu erkennen war. Auch im Inneren fanden sich einige Modifikationen, so an der Abgasanlage und am Arbeitsplatz des Richtschützen, der eine in Brusthöhe verstellbare Stütze erhielt, die ihm während der Geländefahrt bei der Beobachtung des Feuerkampfes durch das Zielfernrohr einen besseren Halt gab bzw. noch gibt.

Typ		Leopard 2A3
Hersteller		MaK / Krauss-Maffei
Herstellerland		Deutschland
Gefechtsgewicht	**kg**	55150
Länge üb. Rohr	**mm**	9610
Breite	**mm**	3700
Höhe üb. FlaMG	**mm**	2790
Motortyp		MTU MB873Ka501
Hubraum	**ccm**	47600
Leistung	**kW/PS**	1104 / 1500
Steigfähigkeit	**%**	60
Höchstgeschw.	**km/h**	72
Kraftstoffvorrat	**ltr**	1200
Verbr.	**ltr/100 km**	218
Fahrber. Straße	**km**	550
Besatzung		4
Bewaffnung		120mm Glattrohrkanone je 1Fla und BordMG 7,62mm
Muni-Vorrat	**Schuss**	42 Geschosse
Funkanlage		SEM 80/90

KPz Leopard 2A4

Typ		Leopard 2A4
Hersteller		MaK / Krauss-Maffei
Herstellerland		Deutschland
Gefechtsgewicht	**kg**	55150
Länge üb. Rohr	**mm**	9670
Breite	**mm**	3750
Höhe üb. FlaMG	**mm**	2790
Motortyp		MTU MB873Ka501
Hubraum	**ccm**	47600
Leistung	**kW/PS**	1104 / 1500
Steigfähigkeit	**%**	60
Höchstgeschw.	**km/h**	68
Kraftstoffvorrat	**ltr**	1200
Verbr.	**ltr/100 km**	218
Fahrber. Straße	**km**	550
Besatzung		4
Bewaffnung		120mm Glattrohrkanone L/44 1 Fla-Mg 7,62mm 1 koax. MG 7,62mm
Funkanlage		SEM 80/90

Vom Leopard 2A4 entstanden vier Baulose für die Bundeswehr; mit dem fünften (370 Stück, davon 190 von Krauss-Maffei und 180 von MaK, gebaut von 12/85 bis 3/87) erhielt der Leopard 2A4 einen digitalisierten Rechner, um die Vielzahl der inzwischen neu entwickelten Munitionsarten verschießen zu können. Desgleichen wurde eine Brandunterdrückungsanlage eingebaut. Das sechste Baulos (1/88-5/89, 83 von KMW und von 67 MaK) hatte einen verbesserten Panzerschutz am Turm und an der Front sowie geänderte Kettenschürzen, die den Zugang zum Leitrad erleichterten.
Das siebte Baulos (5/89-4/90, 55 von KMW und 45 von MaK) unterschied sich nicht vom Vormodell. Nach einem Jahr Pause wurde das achte Baulos in Auftrag gegeben und von 1/91 bis 3/92 gefertigt. 41 Leopard 2A4 kamen von KMW, 34 von MaK. Verbessert wurde lediglich der Kettenschutz durch das Anbringen einer schwereren Kettenschürze.
Mit der Auslieferung des letzten Leopard 2A4 am 19.03.1992 endete die Produktion für die Bundeswehr.

Foto: Krauss-Maffei Wegmann & Co. KG

KPz Leopard 2A5

Nachdem der Leopard 2A4 an seine Einsatzgrenzen gestoßen war, machte man sich an die Neukonzeption eines Nachfolgemodells. Auf eine grundsätzliche Neuentwicklung wurde verzichtet, stattdessen der Leopard 2A4 mehreren Kampfwertsteigerungen unterzogen. Die Kampfwertsteigerung der Phase II (1995–1998) umfasste die Adaption einer Zusatzpanzerung am Turm, außerdem wurde die Fahrerluke mit einem höheren ballistischen Schutz versehen. Auch die Führbarkeit bzw. das Steuerverhalten wurden verbessert. Der Kampfpanzer bekam eine Rückfahrhilfe (TV-Kamera) für den Fahrer und ein zusätzliches Rundsichtperiskop mit Tag-/Nachtkanal für den Kommandanten. Insgesamt sollten 350 Panzerfahrzeuge Leopard 2A4 auf den Standard 2A5 umgerüstet werden.

Typ		Leopard 2A5
Hersteller		MaK / Krauss-Maffei
Herstellerland		Deutschland
Gefechtsgewicht	kg	59700
Länge üb. Rohr	mm	9670
Breite	mm	3760
Höhe üb. FlaMG	mm	3030
Motortyp		MTU MB873Ka501
Hubraum	ccm	47600
Leistung	kW/PS	1104 / 1500
Steigfähigkeit	%	60
Höchstgeschw.	km/h	68
Kraftstoffvorrat	ltr	1200
Verbr.	ltr/100 km	218
Fahrber. Straße	km	550
Besatzung		4
Bewaffnung		120mm Glattrohrkanone L/44 je 1Fla und BordMG 7,62mm
Muni-Vorrat	Schuss	42 Geschosse
Funkanlage		SEM 80/90

Foto: Krauss-Maffei Wegmann & Co. KG

KPz Leopard 2A6

Der Leopard 2A6 ist der derzeitige Standard-Kampfpanzer der Bundeswehr. Zwischen 1999 und 2005 wurden im ersten Los 225 Leopard 2A5 umgerüstet, das zweite Los umfasste 125 Leopard. Die Kampfwertsteigerung verbesserte die Feuerkraft, dazu wurde das Rohr des Leopard 2A5 durch eine um 1,3 m längere Glattrohrkanone (120 mm L/55 statt 120 mm L/44) ersetzt, mit der sich auch leistungsgesteigerte Munition verschießen lässt. Außerdem wurde die Anordnung der Nebelwurfbecher geändert.

Typ		Leopard 2A6
Hersteller		MaK / Krauss-Maffei
Herstellerland		Deutschland
Gefechtsgewicht	**kg**	59900
Länge üb. Rohr	**mm**	10970
Breite	**mm**	3740
Höhe üb. FlaMG	**mm**	3030
Motortyp		MTU MB873Ka501
Hubraum	**ccm**	47600
Leistung	**kW/PS**	1104 / 1500
Steigfähigkeit	**%**	60
Höchstgeschw.	**km/h**	68
Kraftstoffvorrat	**ltr**	1200
Verbr.	**ltr/100 km**	218
Fahrber. Straße	**km**	550
Besatzung		4
Bewaffnung		120mm Glattrohrkanone L/55 1 Fla-Mg 7,62mm 1 koax. MG 7,62mm
Funkanlage		SEM 80/90

Foto: Krauss-Maffei Wegmann & Co. KG

KPz Leopard 2A6M

Wie in zurückliegenden und aktuellen Konflikten deutlich wurde, besitzen die Kampfpanzer der NATO einen unzureichenden Minenschutz, so auch der Kampfpanzer Leopard 2 der Bundeswehr. Dieser ungenügende Minenschutz führte dazu, dass die Firma Krauss-Maffei Wegmann ein erstes Los von 70 Leopard 2A6 mit einem zusätzlichen Minenschutz nachrüstete, was sich in der Bezeichnung Leopard 2A6M niederschlug. Von außen erkennt man die M-Typen durch eine zusätzliche, bis zum Bug hochgezogene Bodenpanzerung. Wesentliche Änderungen finden sich auch im Fahrzeuginneren, u.a. befinden sich die Fahrersitzhalterungen nicht mehr an der Bodenplatte: Der Fahrer sitzt jetzt in einem Gurtsitz, was ihm mehr Sicherheit im Fall eines Minentreffers bringt. Damit gilt der Leopard 2A6M als der am besten geschützte Kampfpanzer der Welt. Das sehen auch die anderen so, Nato-Partner Kanada hat bei der Bundeswehr für den Einsatz in Afghanistan 20 Leopard 2A6M für eine Dauer von zwei Jahren ausgeliehen.

Typ		Leopard 2A6M
Hersteller		MaK / Krauss-Maffei
Herstellerland		Deutschland
Gefechtsgewicht	**kg**	62500
Länge üb. Rohr	**mm**	9670
Breite	**mm**	3750
Höhe	**mm**	2760
Motortyp		MTU MB873Ka501
Hubraum	**ccm**	47600
Leistung	**kW/PS**	1104 / 1500
Steigfähigkeit	**%**	60
Höchstgeschw.	**km/h**	68
Kraftstoffvorrat	**ltr**	1200
Verbr.	**ltr/100 km**	218
Fahrber. Straße	**km**	550
Besatzung		4
Bewaffnung		Kanone 120mm L/55 1 Koax-MG 7,62mm 1 Fla-MG 7,62mm
Funkanlage		SEM 80/90

PiPz M 47

Jede Panzerkompanie, so war es 1956 beschlossen worden, sollte einen Pionierpanzer (PiPz) erhalten. Dabei handelte es sich um einen M 47 mit der üblichen 90-mm-Bordkanone (M 36/L50), aber zusätzlichem hydraulischen Räumschild. Das Räumschild konnte der Panzerfahrer hydraulisch anheben und absenken. Da sich jedoch in den USA bereits seit 1953 eine verbesserte Variante mit der Typbezeichnung M 48 in der Beschaffung befand, entschied man sich, diesen auch in der Ausführung mit Räumschild zu beschaffen. Zur Truppe gelangten daher letztlich nur einige M 47-Pionierpanzer, die speziell bei den Panzerpionierlehreinheiten eingesetzt wurden.

Typ		Pionierpanzer M 47
Hersteller		Detroit-Tank-Arsenal und American Locomotive Comp.
Herstellerland		USA
Gefechtsgewicht	**kg**	ca. 46000
Länge üb. Kanone	**mm**	8500
Breite	**mm**	3500
Höhe üb. FlaMG	**mm**	2960
Motortyp		Continental AV-1790-5B
Hubraum	**ccm**	29363
Leistung	**kW/PS**	604 / 821
Steigfähigkeit	**%**	60
Höchstgeschw.	**km/h**	65
Kraftstoffvorrat	**ltr**	530
Verbr.	**ltr/100 km**	300
Fahrber. Straße	**km**	175
Besatzung		5
Bewaffnung		1 Kanone 900mm L/48 1 FlaMG cal. 50 1 BordMG cal. 30
Muni-Vorrat	**Schuss**	71
Erkennungsmerkmal		zusätzliche Räumschaufel

KPz M 48 A2 C

Typ	Kampfpanzer M 48A2GEA1 mit Räumschild
Hersteller	General-Motors-Corp.
Herstellerland	USA
Gefechtsgewicht kg	48000
Länge üb. Kanone mm	8811
Breite mm	3630
Höhe üb. FlaMG mm	3090
Motortyp	Continental AV-1790-8
Hubraum ccm	29363
Leistung kW/PS	615 / 837
Steigfähigkeit %	60
Höchstgeschw. km/h	51,5 zugelassen 32
Kraftstoffvorrat ltr	1230
Verbr. ltr/100 km	600
Fahrber. Straße km	200
Besatzung	3
Bewaffnung	1 Kanone 90mm L/48 1 MG cal. 50 1 MG cal. 30
Muni-Vorrat Schuss	60
Erkennungsmerkmal	Räumschild

Vom M 48 A2 C mit hydraulischem Räumschild gab es in jeder Panzerkompanie jeweils ein Fahrzeug, das zum Kompanietrupp gehörte. Die Beschaffung erfolgte zeitgleich mit dem Kampfpanzer M 48 A2. Mit dieser Ausstattung dienten die C-Varianten zur Vorbereitung von Bereitstellungsräumen oder gedeckten Stellungen im Gelände. Das Räumschild konnte von der Fahrerkabine aus hydraulisch angehoben und gesenkt werden. Sämtliche M 48 wurden Ende der 80er Jahre aus dem aktiven Truppendienst genommen. Einige wenige Panzer fanden den Weg in Museen oder stehen als Denkmäler vor Kaserneneingängen.

PiPz M 48 A2 G A1

52 überzählige M 48 A2 wurden nachträglich mit einem hydraulischen Räumschild versehen und bei der Panzerpioniertruppe eingesetzt. Da eine darüber hinaus gehende Kampfwertsteigerung nicht mehr vorgesehen war, wurde die 90-mm-Kanone entfernt und die dadurch entstandene Turmöffnung mit einer Panzerblende versehen. Außerdem entfiel das Bug-MG. So umgebaut, erhielt das rund 52 Tonnen schwere Fahrzeug die Bezeichnung M 48 A2 G A1. Sämtliche Pionierpanzer auf M 48-Basis wurden Ende der 90er Jahre aus der Truppennutzung genommen.

Typ		Pionierpanzer M 48A2GEA1
Hersteller		General-Motors-Corp.
Herstellerland		USA
Gefechtsgewicht	**kg**	48000
Länge	**mm**	7380
Breite	**mm**	3630
Höhe üb. FlaMG	**mm**	3090
Motortyp		Continental AV-1790-8
Hubraum	**ccm**	29363
Leistung	**kW/PS**	615 / 837
Steigfähigkeit	**%**	60
Höchstgeschw.	**km/h**	51,5 zugelassen 32
Kraftstoffvorrat	**ltr**	1230
Verbr.	**ltr/100 km**	600
Fahrber. Straße	**km**	200
Besatzung		3
Bewaffnung		1 FlaMG 7,62mm
Erkennungsmerkmal		Räumschild

Pionierpanzer 1

Typ		Pionierpanzer 1A1
Hersteller		Atlas / MaK
Herstellerland		Deutschland
Gefechtsgewicht	**kg**	40800
Länge	**mm**	7980
Breite	**mm**	3250
Höhe üb. FlaMG	**mm**	2695
Motortyp		MTU MB838 CaM500
Hubraum	**ccm**	37400
Leistung	**kW/PS**	610 / 830
Steigfähigkeit	**%**	60
Höchstgeschw.	**km/h**	62
Kraftstoffvorrat	**ltr**	1410
Verbr.	**ltr/100 km**	165
Fahrber. Straße	**km**	650
Besatzung		4
Bewaffnung		1 BugMG 7,62mm 1 FlaMG 7,62mm
Kranleistung		20t

Mit dem Ende 1968 vorgestellten Pionierpanzer 1 auf Leopard-Fahrgestell erschien ein weiterer Vertreter der Leopard-Familie bei der Truppe. Mit diesem Fahrzeug wurden die Panzerpionierkompanien der Brigaden verstärkt. Der PiPz 1 war äußerlich fast nicht vom BPz 2A0 Standard zu unterscheiden. Die Hauptbaugruppen waren identisch ausgelegt, was die Logistik vereinfachte. Im Gegensatz zum Bergepanzer hatte der Pionierpanzer eine verstärkte Hydraulikanlage und eine größere Räumschaufel (diese war 500 mm breiter und 380 mm höher). Außerdem konnte am Kranausleger ein Erdbohrer angebracht werden. Damit ließen sich Löcher mit einem Durchmesser von 700 mm und einer Tiefe von 1900 mm herstellen. In einer Stunde konnten so 30 Erdlöcher gebohrt werden. Der große Unterschied zum Bergepanzer Standard bestand in der auf dem Kranausleger montierten Leiter, die es erleichterte, Störungen während des Betriebes mit dem Erdbohrer zu beheben. Die Bundeswehr erhielt insgesamt 36 Pionierpanzer.

Pionierpanzer 2 Dachs

Ab 1988 wurde der Pionierpanzer 2A1 »Dachs« mit Teleskoparm bei der Pionieren der Bundeswehr eingeführt. Dabei handelte es sich keineswegs um komplette Neufahrzeuge, die insgesamt 140 Dachs entstanden aus den vorhandenen 36 Pionierpanzern 1 sowie 104 überzähligen Bergepanzer 2. Die Hauptänderung zum Vorgängermodell war ein Teleskoparm mit Baggerschaufel, die anstelle des bisherigen Kranauslegers montiert wurde. Wie der Kampfpanzer Leopard 1 ist auch der Pionierpanzer tiefwatfähig. Mit der entsprechenden Ausrüstung kann bis zu einer Wassertiefe von 4 m gearbeitet werden. Die Grabtiefe beträgt 5080 m, wobei der Tieflöffel einen Hubinhalt von 1,1 m³ hat. Der Pionierpanzer steht nach wie vor bei den Pionierkompanien und bei den Pionierbataillonen im Einsatz.

Typ		Pionierpanzer 2A1 Dachs
Hersteller		MaK
Herstellerland		Deutschland
Gefechtsgewicht	**kg**	43000
Länge	**mm**	8925
Breite	**mm**	3250
Höhe üb. FlaMG	**mm**	2570
Motortyp		MTU MB838 CaM500
Hubraum	**ccm**	37400
Leistung	**kW/PS**	610 / 830
Steigfähigkeit	**%**	50
Höchstgeschw.	**km/h**	62
Kraftstoffvorrat	**ltr**	1410
Verbr.	**ltr/100 km**	280
Fahrber. Straße	**km**	500
Besatzung		3
Bewaffnung		1 FlaMG 7,62mm

BrPz M 48 A2 G AVLB

Typ		Brückenlegepanzer M 48A2C
Hersteller		American Locomotive Corp. und Chrysler
Herstellerland		USA
Gefechtsgewicht	kg	58000
Länge mit Brücke	mm	11090
Breite mit Brücke	mm	4010
Höhe mit Brücke	mm	4040
Motortyp		Continental AVI-1790-8
Hubraum	ccm	29363
Leistung	kW/PS	615 / 837
Steigfähigkeit	%	60
Höchstgeschw.	km/h	51,5 zugelassen 32
Kraftstoffvorrat	ltr	1230
Verbr.	ltr/100 km	750
Fahrber. Straße	km	160
Besatzung		2
Bewaffnung		1 FlaMG 7,62mm
Brückenlänge	mm	19200
Brückenbreite	mm	4010

Die Panzerschnellbrücke M 48 A2 G war bis zur Einführung des Brückenlegepanzers »Biber« der Standard-Brückenlegepanzer der Panzerpionierkompanien der BW. Beschafft wurden ab 1960 insgesamt 102 AVLBs (Amored Vehicle Launching Bridge), hergestellt von der amerikanischen Rig Equipment Company. Herzstück war die 19,2 Meter lange Scherenfaltbrücke MLC 60. Jede Panzerpionierkompanie verfügte über vier Fahrzeuge. Zur Bedienung waren zwei Mann notwendig, wobei der zweite beim Verlegevorgang das Fahrzeug verlassen musste, um die Hydraulikschläuche für den Ablege- bzw. Aufnahmevorgang am Panzer anzuschließen. Die Scherenfaltbrücke wurde mit einer hydraulischen Aufricht- bzw. Ablegevorrichtung an der Wannenvorderfront gehalten. Bei der BW waren die Brückenlegepanzer bis 1990 im aktiven Einsatz. Nach der Aussonderung wurden die Brückenlegefahrzeuge an Nato-Partner abgegeben oder verschrottet.

BrPz Biber

Auf dem Fahrgestell des Leopard 1 aufbauend, wurden für die Bundeswehr in den Jahren 1973 bis 1975 insgesamt 105 Exemplare des Brückenlegepanzers »Biber« beschafft. Der Biber führt eine zweiteilige Brücke, die im freien Vorbau verlegt werden kann, als Auflegelast mit; beim Vorgänger erfolgte der Verlegevorgang noch über das Scherenverfahren. Beim Verlegevorgang ruht die Last auf dem Biber-Bug, das zusätzlich angebrachte Stützschild erhöht die Standfestigkeit des Fahrgestells. Die im Gegensatz zum BrPz M 48 unter Panzerschutz verlegbare Brücke hat eine Länge von 22 m bei einer Breite von 4 m. Der Biber löste die US-Panzerschnellbrücke M48 ab und steht auch nach drei Jahrzehnten noch im Einsatz. Seit 2006 ist der neue Brückenlegepanzer 3 auf Basis des Leopard 2 in der Erprobung und wird in den nächsten Jahren den Biber ergänzen und schließlich ersetzen.

Typ		Brückenpanzer Biber
Hersteller		MaK
Herstellerland		Deutschland
Gefechtsgewicht	**kg**	45300
Länge	**mm**	11820
Breite	**mm**	4000
Höhe üb. FlaMG	**mm**	2570
Motortyp		MTU MB838 CaM500
Hubraum	**ccm**	37400
Leistung	**kW/PS**	610/830
Steigfähigkeit	**%**	60
Höchstgeschw.	**km/h**	62
Kraftstoffvorrat	**ltr**	1500
Verbr.	**ltr/100 km**	180
Fahrber. Straße	**km**	800
Besatzung		2

Bergepanzer M 74

Typ		Bergepanzer M 74
Hersteller		Bowen Mc-Laughlin York
Herstellerland		USA
Gefechtsgewicht	kg	42500
Länge	mm	7950
Breite	mm	3090
Höhe üb. FlaMG	mm	3360
Motortyp		Ford GAA
Hubraum	ccm	18000
Leistung	kW/PS	372 / 506
Steigfähigkeit	%	60
Höchstgeschw.	km/h	34
Kraftstoffvorrat	ltr	640
Verbr.	ltr/100 km	400
Fahrber. Straße	km	160
Besatzung		4
Bewaffnung		1 FlaMG 12,7mm

Die Bundeswehr verfügte über 300 Bergepanzer M 74 aus amerikanischer Produktion. Eingesetzt in den Jahren zwischen 1956 und 1960, gehörte dieser bei allen Panzer- und Pioniereinheiten des Heeres anzutreffende Bergepanzer bis zur Beschaffung des Nachfolgemodells M 88 zur Standardausrüstung. Der Kranaufbau saß auf dem modifizierten Fahrgestell des M4A3-Panzers »Sherman«, eines Veteranen des Zweiten Weltkrieges. Der M 74 war mit einem klappbaren A-Mast bestückt, der eine Hakenlast von 20 t bewältigte. Die an der Forderfront eingebaute Bugwinde hatte eine Zugkraft von 40 ton. Eine ebenfalls am Bug befestigte Räumschaufel gab dem Fahrzeug bei seinen Bergeeinsätzen den nötigen Halt. Da der Bergepanzer bereits bei der Einführung als veraltet galt, wurde er relativ schnell wieder ausgesondert.

Bergepanzer M 88

Typ		Bergepanzer M 88A1GE
Hersteller		Bowen Mc-Laughlin York
Herstellerland		USA
Gefechtsgewicht	**kg**	50900
Länge	**mm**	8270
Breite	**mm**	3430
Höhe üb. FlaMG	**mm**	2950
Motortyp		Continental AVDS 1790-2D
Hubraum	**ccm**	29356
Leistung	**kW/PS**	485 / 660
Steigfähigkeit	**%**	60
Höchstgeschw.	**km/h**	50
Kraftstoffvorrat	**ltr**	1600
Verbr.	**ltr/100 km**	445
Fahrber. Straße	**km**	360
Besatzung		4
Bewaffnung		1 FlaMG 7,62mm

Der M 88 löste den veralteten Bergepanzer M 74 ab. Die BW beschaffte 125 dieser Bergepanzer, die das Fahrgestell des Kampfpanzers M 48, aber mit Kasemattenaufbau, nutzten. Wie beim M 48 üblich, bestand auch hier die Wanne aus Stahlguss; beim M 88 war sie allerdings um 120 mm länger. An beiden Seiten der Panzerwanne befanden sich Einstiegsluken für die vierköpfige Besatzung, auch das unterschied den M 88 vom M 48, dessen Teile wie Getriebe, Motor, Lauf- und Stützrollen übernommen wurden.
An der Vorderfront befanden sich zwei Seilwinden für jeweils 25 t und 45 t Zugkraft sowie ein Räumschild. Der A-förmige Baum der Krananlage hatte eine Hubkraft von etwa 23 Tonnen. Ab 1985 erhielten die Bergepanzer anstelle des bisherigen Ottomotors einen 1014 PS starken Dieselmotor und eine stärkere Bergewinde. Um die Seilführung des A-Baumes sicherer zu machen, wurde ein zusätzlicher Schutzkasten für das Seil angebracht. Diese Kampfwertsteigungen verhalfen den M 48-Ablegern zur Typbezeichnung M 88 A2 GE beziehungsweise A2 GE A1.
Ende 2000 wurden die letzten M 88 ausgesondert; in den USA dagegen ist der M 88 A2 nach einer Kampfwertsteigerung 1997 noch immer im Einsatz.

Bergepanzer 2 A0A1

Typ		Bergepanzer 2A0
Hersteller		Atlas-MaK
Herstellerland		Deutschland
Gefechtsgewicht	**kg**	39800
Länge	**mm**	7680
Breite	**mm**	3250
Höhe üb. FlaMG	**mm**	2695
Motortyp		MTU MB838 CaM500
Hubraum	**ccm**	37400
Leistung	**kW/PS**	610 / 830
Steigfähigkeit	**%**	60
Höchstgeschw.	**km/h**	62
Kraftstoffvorrat	**ltr**	1550
Verbr.	**ltr/100 km**	165
Fahrber. Straße	**km**	840
Besatzung		4
Bewaffnung		1 BugMG 7,62mm 1 FlaMG 7,62mm
Kranleistung		20t

Parallel zur Auslieferung des Kampfpanzers Leopard 1 (der auch Standardpanzer genannt wurde), begann man mit der Entwicklung eines Bergepanzers, der die gleichen Baugruppen wie der Kampfpanzer Leopard 1 aufwies. Der Unterschied zum Kampfpanzer LEO 1 bestand lediglich in der Ausrüstung bzw. dem Aufbau des Chassis, das anstelle des Drehturmes eine Bergeausstattung bekam. Die Panzerwanne erhielt aus diesem Grunde ein anderes, in der Form geändertes Oberteil. Mit der um 270 Grad schwenkbaren Krananlage konnten Lasten bis zu 20 Tonnen gehoben werden; die im Bug eingebaute Seilwinde hatte eine Zugkraft von 35t.

Die erste Auslieferung bzw. Übergabe eines Serienfahrzeuges an die Bundeswehr fand im September 1966 statt. Ursprünglich bestand ein Bedarf von 300 Fahrzeugen. Letztendlich wurden bis 1970 immerhin 444 Fahrzeuge bestellt und an die Bundeswehr ausgeliefert. Damit konnte der Bergepanzer M 74 aus dem aktiven Dienst zurückgezogen und verschrottet oder abgegeben werden. Einige NATO-Staaten wie Kanada, Niederlande und Australien (um nur einige zu nennen) bestellten den Bergepanzer für ihre Streitkräfte. Nach fast 40 Jahren ist der Bergepanzer Leopard noch immer im Truppeneinsatz.

Bergepanzer 2 A1A1

Für Einheiten, die mit dem Flugabwehrkanonenpanzer »Gepard« und dem Kampfpanzer »Leopard 2« ausgestattet sind bzw. waren, wurde ein leistungsstärkerer Bergepanzer benötigt. Der Bergepanzer 2A1 basierte nach wie vor auf dem Fahrgestell des Leopard 1, erhielt aber für diesen Zweck einen neuen, leistungsfähigeren 20-t-Kranaufbau mit einer erweiterten Auslegerlänge von 5 m. Dazu kam eine Teleskopabstützung am Heck sowie eine verstärkte Räumschaufel. Erst jetzt bestand die Möglichkeit, den Turm des Gepard-Flak-Panzers und den des Leopard 2 zu heben. Für diesen Zweck wäre der Kranaufbau des Standard-Bergepanzer zu schwach gewesen. Zwischen 1977 und 1978 wurden 110 Exemplare an die Truppe geliefert.

Typ		Bergepanzer 2A1
Hersteller		MaK / Jung
Herstellerland		Deutschland
Gefechtsgewicht	**kg**	40580
Länge	**mm**	7680
Breite	**mm**	3250
Höhe üb. FlaMG	**mm**	2695
Motortyp		MTU MB838 CaM500
Hubraum	**ccm**	37400
Leistung	**kW/PS**	610/830
Steigfähigkeit	**%**	60
Höchstgeschw.	**km/h**	62
Kraftstoffvorrat	**ltr**	1550
Verbr.	**ltr/100 km**	165
Fahrber. Straße	**km**	840
Besatzung		4
Bewaffnung		1 BugMG 7,62mm
Muni-Vorrat	**Schuss**	1 FlaMG 7,62mm
Kranleistung		20t
Besonderheit		leistungsgesteigert
Erkennungsmerkmal		hinten rechts am Fahrzeug eine hydraulische Stütze mit der dazugehörigen Bodenplatte an der linken Fahrzeugseite

Bergepanzer 3 Büffel

In Zusammenarbeit mit der Bundeswehr, der niederländischen Armee und der Firma Krupp-Mak (Kiel) wurde ab 1986 der Bergepanzer 3 »Büffel« entwickelt und zur Prototypenreife gebracht. Dieser Bergepanzer kombinierte die neueste Bergetechnologie mit den bewährten Baugruppen des Leopard 2. Von 1992 bis 1994 entstanden für die Bundeswehr insgesamt 75 Bergepanzer 3, gebaut wiederum von den Firmen Krauss-Maffei Wegmann und MaK. Hauptwerkzeug des Büffel ist der um 270° drehbare Kranarm, der eine Last von 30 t heben kann. Mit der am Bug befindlichen Bergewinde können Fahrzeuge bis zu 55 t (MLC 60) abgeschleppt oder geborgen werden. Mit Einführung des Bergepanzer 3 wurde der bisher verwendete schwere US-Bergepanzer M 88 aus der Nutzung genommen und an andere Nato-Partner abgegeben.

Typ		Bergepanzer 3 Büffel
Hersteller		MaK / Krauss-Maffei
Herstellerland		Deutschland
Gefechtsgewicht	**kg**	54300
Länge üb. Rohr	**mm**	9070
Breite	**mm**	3540
Höhe üb. MG	**mm**	2990
Motortyp		MTU MB873Ka501
Hubraum	**ccm**	47600
Leistung	**kW/PS**	1104 / 1500
Steigfähigkeit	**%**	60
Höchstgeschw.	**km/h**	68
Kraftstoffvorrat	**ltr**	1620
Verbr.	**ltr/100 km**	270
Fahrber. Straße	**km**	650
Besatzung		3
Bewaffnung		MG 3 7,62mm
Funkanlage		SEM 80/90

Fotos: Rheinmetall-Landsysteme

Panzerflak M 16

Ein weiteres Relikt des Zweiten Weltkriegs war das Halbkettenfahrzeug M 16 mit 12,7-mm-Flak-Vierling, das zur Erstausstattung der Heeresflugabwehr der Bundeswehr gehörte. Der amerikanische Half Track war in den Jahren 1942 bis 1946 u.a. von der US-Firma International Harvester gebaut worden. Im Gegensatz zur US-Version hatte die deutsche Ausführung einen zusätzlichen Schutzschild am Flakgeschütz, um der vierköpfigen Besatzung einen gewissen Schutz vor Beschuss zu geben. Das Fahrzeug war das einzige Halbkettenfahrzeug, das bei der BW eingesetzt wurde. Überzählige Fahrzeuge baute man zu Kommando- oder Munitionsfahrzeugen um. Die Halbkettenfahrzeuge befanden sich von 1956 bis etwa 1962 bei den Heeresflugabwehrtruppen im Einsatz und wurden durch den Flugabwehrpanzer M 42 »Duster« erst ergänzt und dann ersetzt.

Typ		Flakpanzer M16
Hersteller		International Harvester Comp. + White Motor Corp.
Herstellerland		USA
Gefechtsgewicht	kg	9800
Länge	mm	6400
Breite	mm	1950
Höhe üb. FlaMG	mm	2200
Motortyp		White 160AX
Hubraum	ccm	6300
Leistung	kW/PS	95,6 / 130
Steigfähigkeit	%	60
Höchstgeschw.	km/h	72
Kraftstoffvorrat	ltr	227
Verbr.	ltr/100 km	80
Fahrber. Straße	km	280
Besatzung		5
Bewaffnung		VierlingFlak 12,7mm cal. 50
Erkennungsmerkmal		Halbkette

Einige Fahrzeuge überlebten als Schaustücke in Museen und in Kasernen.

PzFlak M 42

Der Flugabwehrpanzer M 42 (A1) Duster gehörte zusammen mit dem Halbkettenfahrzeug M 16 (Vierling) zur Anfangsausstattung der BW. Ab 1956 wurden 496 Fahrzeuge beschafft; diese standen vereinzelt bis Ende der 70er Jahre in den Diensten der Heeresflugabwehr.
Die technische Basis bildete die Wanne des M 41. Die aufgesetzte Zwillingslafette mit zwei Boforsgeschützen 40 mm L/60 war um 360 Grad drehbar und hatte eine Reichweite bis 2000 Meter. Auf dem offenen Fahrzeug waren 480 Schuss-Flakgranaten untergebracht.
Der Flakpanzer M 42 eignete sich auch für den Erdeinsatz. Dem Duster folgte der Flugabwehrpanzer Gepard mit seiner 35 mm Zwillingsflak.

Typ		Flakpanzer M 42A1
Hersteller		Cadillac Motor Car Division + GMC
Herstellerland		USA
Gefechtsgewicht	**kg**	21700
Länge üb. Kanone	**mm**	5810
Breite	**mm**	3260
Höhe üb. FlaMG	**mm**	2860
Motortyp		Continental AOS-895-3
Hubraum	**ccm**	14681
Leistung	**kW/PS**	316 / 430
Steigfähigkeit	**%**	60
Höchstgeschw.	**km/h**	72
Kraftstoffvorrat	**ltr**	530
Verbr.	**ltr/100 km**	340
Fahrber. Straße	**km**	150
Besatzung		1+5
Bewaffnung		1 ZwillingsFlak 40mm L/60 1 MG cal. 50 später MG 7,62mm
Muni-Vorrat	**Schuss**	480

FlaPz Gepard

Typ	FlaPz Gepard
Hersteller	Krauss-Maffei
Herstellerland	Deutschland
Gefechtsgewicht kg	46300
Länge üb. Kanone mm	7720
Breite mm	2800
Höhe mm	3410
Motortyp	MTU MB838 CaM500
Hubraum ccm	37400
Leistung kW/PS	610/830
Steigfähigkeit %	60
Höchstgeschw. km/h	62
Kraftstoffvorrat ltr	955
Verbr. ltr/100 km	180
Fahrber. Straße km	530
Besatzung	3
Bewaffnung	Flakzwilling 35 mm

Das Projekt Flak-Panzer mit 30-mm-Zwillingsflak, das auf Basis der leichten Panzerfamilie geplant war, wurde Ende 1964 abgebrochen, da der Turm mit seinem Zwillingsflakgeschütz für das vorgesehene Fahrzeug zu schwer wurde. Aus diesem Grunde wurde der Zwillingsflakturm auf das modifizierte Fahrgestell eines Leopard 1 gesetzt. Im Dezember 1976 erhielt die Bundeswehr den ersten von insgesamt 420 Flakpanzern. Im Gegensatz zu den ersten Überlegungen hatte der Serien-»Gepard« eine 35-mm-Zwillingskanone mit einem Such- und Zielfolgeradar sowie eine Feuerleitanlage. Nachdem etwa die Hälfte der bestellten FlaPz ausgeliefert worden war, wurde ein zusätzlicher Laserentfernungsmesser eingebaut. Die Serienfertigung lief bis Oktober 1980. Ab 1985 wurde bei fast allen Fahrzeugen des 1. Loses ebenfalls ein Laserentfernungsmesser eingebaut bzw. nachgerüstet.

FlaPz Gepard 1A2

In den Jahren 1998 bis 2003 wurde an 140 Flakpanzern Gepard 1A1 eine Nutzungsdauerverlängerung durchgeführt. Die Kampfwertsteigerung, die zum Gepard 1A2 führte, umfasste einen digitalen Feuerleitrechner, moderne Datenfunkgeräte zur Anbindung an das Heeresflugabwehr-Führungssystems (HFlaAFüSyS), eine Modifizierung der Waffe zur Verwendung einer leistungsgesteigerten Munition, sowie eine neue Klimaanlage zur Kühlung des Kampfraumes und der elektronischen Bauelemente. Dank dieser Maßnahmen wird der Flakpanzer Gepard noch für einen längeren Zeitraum bei der Heeresflugabwehr der Bundeswehr seinen Dienst versehen, auch wenn die ältesten Exemplare bereits über drei Jahrzehnte im Dienst stehen.

Typ		Flakpanzer Gepard 1A2
Hersteller		Kraus-Maffei
Herstellerland		Deutschland
Gefechtsgewicht	**kg**	46060
Länge üb. Kanone	**mm**	8150
Breite	**mm**	3410
Höhe üb. FlaMG	**mm**	2800
Motortyp		MTU MB838 CaM500
Hubraum	**ccm**	37400
Leistung	**kW/PS**	610/830
Steigfähigkeit	**%**	60
Höchstgeschw.	**km/h**	62
Kraftstoffvorrat	**ltr**	955
Verbr.	**ltr/100 km**	180
Fahrber. Straße	**km**	530
Besatzung		3
Bewaffnung		Flakzwilling 35mm
Erkennungsmerkmal		zusätzliche Transportkästen am Heck und Turm

Flugabwehr-Raketenpanzer Roland

Typ		FlaRakPz Roland
Hersteller		Thyssen-Henschel
Herstellerland		Deutschland
Gefechtsgewicht	**kg**	35500
Länge üb. Rohr	**mm**	7130
Breite	**mm**	3250
Höhe	**mm**	4630
Motortyp		MB 833 Ea-500
Hubraum	**ccm**	22400
Leistung	**kW/PS**	440 / 600
Steigfähigkeit	**%**	60
Höchstgeschw.	**km/h**	60
Kraftstoffvorrat	**ltr**	650
Verbr.	**ltr/100 km**	120
Fahrber. Straße	**km**	540
Besatzung		3
Bewaffnung		FK Roland II 1 Fla-MG 7,62mm

Die vierte Variante der leichten Panzerfamilie war der Flugabwehr-Raketenpanzer »Roland«. In einem 1964 geschlossenen Regierungsabkommen wurde vereinbart, dass die deutsche Firma MBB und die französische Firma Aérospatiale einen allwetterfähigen Flugkörper entwickeln sollten. Der erste Flugkörper wurde 1971 im scharfen Schuss vorgestellt. Für die Weiterführung des Projektes gründeten 1973 beide Firmen eine eigene Tochterfirma. Die Bundeswehr beschaffte das System sowohl auf einem abgeänderten SPz-Marder Fahrgestell als auch auf einem 15-t-Lkw MAN 8x8. Der erste bei Thyssen-Henschel gebaute Roland-Serienpanzer ging 1981 an das Heer, ihm folgten bis 1983 weitere 139 FlaRakPz. Ab 1987 wurden weitere 140 Systeme an die Luftwaffe und Marine geliefert, diesesmal auf MAN-Fahrgestellen Typ 30.360VFAEG 8x8. In allen drei Teilstreitkräften ging die Roland-Ära 2005 zu Ende, da die Bw-Führung völlig überraschend das Flugabwehr-Raketensystem aus der Nutzung nahm.

FlaRakWaTrg Ozelot

Typ		Wiesel 2 Ozelot
Hersteller		Rheinmetall Landsysteme
Herstellerland		Deutschland
Gefechtsgewicht	**kg**	4100
Länge	**mm**	4510
Breite	**mm**	1820
Höhe	**mm**	1900
Motortyp		Audi 4Zyl. TDi-Motor
Hubraum	**ccm**	1986
Leistung	**kW/PS**	81 / 110
Steigfähigkeit	**%**	60
Höchstgeschw.	**km/h**	70
Kraftstoffvorrat	**ltr**	120
Verbr.	**ltr/100 km**	22
Fahrber. Straße	**km**	550
Besatzung		2
Bewaffnung		4 Stinger oder 4 IGLA 1 Fla-MG 7,62mm

Bei Auslandseinsätzen der Bundeswehr zeigte sich, dass die Truppe über keine bzw. nur über unzureichend luftverlastbares Flugabwehrgerät verfügte: Die bis dato beschafften Systeme zeigten sich für die Krisenreaktionskräfte als ungeeignet. So begann 1992 die Firma STN-Atlas-Elektronik auf eigene Kosten mit der Entwicklung eines leichten Flugabwehrsystems. Im April 1995 erhielt die Arbeitsgemeinschaft STN-Atlas/Wegmann den Auftrag zur Lieferung von Truppenversuchsmustern. Die ersten Serienfahrzeuge gingen 2001 an die Heeresflugabwehrschule in Rendsburg. Der Waffenträger »Ozelot« kombiniert das Trägerfahrzeug Wiesel 2 mit einer aufgesetzten Waffenanlage für vier Raketen. Weitere vier Raketen befinden sich in einem Behälter an der Wiesel-Rückfront. Verschossen werden die Flugabwehrraketen der Typen Stinger oder IGLA. Informationen wie Abschussdaten, Zielhöhe und Zielweite bekommt das System vom Aufklärungs-, Führungs- und Feuerleitfahrzeug (AFF, rechts im Bild).

Foto: Rheinmetall-Landsysteme

WaTrg Ozelot BF/UF

Auch das dritte zum leichten Flugabwehrsystem gehörende Fahrzeug basiert auf einem Wiesel 2. Das so genannte »Batterieführungsfahrzeug / Unterstützungszelle Flugabwehr BF/UF« ist mit dem Heeresführungsinformationssystem (HEROS) ausgestattet und soll die einzelnen Batterien des leFlaSys führen. Ferner gehören zum Gesamtsystem jeweils ein Geländewagen MB 290GDT LL, der sowohl als Schnittstellenfahrzeug als auch als Werkstattwagen eingesetzt wird. Alle Fahrzeuge sind luftverlastbar, d.h. sowohl im Transportflugzeug, im Hubschrauber oder als Außenlast am Hubschrauber CH 53.

Typ		Wiesel 2 Ozelot BF/UF
Hersteller		Rheinmetall Landsysteme
Herstellerland		Deutschland
Gefechtsgewicht	kg	4100
Länge	mm	4160
Breite	mm	1820
Höhe	mm	2110
Motortyp		Audi 4Zyl. TDi-Motor
Hubraum	ccm	1986
Leistung	kW/PS	81 / 110
Steigfähigkeit	%	60
Höchstgeschw.	km/h	70
Kraftstoffvorrat	ltr	120
Verbr.	ltr/100 km	22
Fahrber. Straße	km	550
Besatzung		3
Bewaffnung		1 Fla-MG 7,62mm

WaTrg Wiesel 2 BewBefSt

Typ		Wiesel 2 Befehlsstelle
Hersteller		Rheinmetall Landsysteme
Herstellerland		Deutschland
Gefechtsgewicht	**kg**	4100
Länge	**mm**	4153
Breite	**mm**	1852
Höhe	**mm**	1900
Motortyp		Audi 4Zyl. TDi-Motor
Hubraum	**ccm**	1986
Leistung	**kW/PS**	81 / 110
Steigfähigkeit	**%**	60
Höchstgeschw.	**km/h**	70
Kraftstoffvorrat	**ltr**	120
Verbr.	**ltr/100 km**	22
Fahrber. Straße	**km**	550
Besatzung		2

In Anlehnung an den Sanitätspanzer Wiesel 2 wurde auch ein Fahrzeug als »Befehlsstelle Wiesel 2« realisiert. Entwickelt wurde das Fahrzeug für die »Division Spezielle Operationen« (DSO) der Bundeswehr. Nach Beschluss der Bundesregierung und des BMVg vom April 2004 wurde die Firma Rheinmetall Landsysteme beauftragt, 32 bewegliche Befehlsstellen (BewBefSt) auf Wiesel 2-Basis an die Bundeswehr zu liefern. Durch seine spezielle Antennenanordnung ist die Befehlsstelle für den Fachmann als Führungsfahrzeug leicht zu erkennen. Neben einer Funkanlage ist das Fahrzeug auch mit einem Global Positioning System (GPS) ausgestattet. Alle Wiesel 2-Fahrzeuge weisen den gleichen Schutzfaktor gegen Infanteriewaffenbeschuss bis Kaliber 7.62 mm und Artilleriesplitter aus. Durch eine Zusatzpanzerung kann der Schutz teilweise verbessert werden.

Foto: Rheinmetall-Landsysteme

MRPz M 48 Keiler

Zur Räumung von verdeckten und offen verlegten Landminen beschaffte die Bundeswehr in den Jahren 1996 bis 1998 insgesamt 24 »Keiler«. Als Ausgangspunkt dieser Entwicklung dienten überzählige Kampfpanzer M 48 A2 C, deren Vollguss-Wannen mit einem neuen Räumaufbau kombiniert wurden. Der so entstandene Minenräumpanzer (MRPz) wird zum Räumen von Gassen mit einer Breite von 4.70 Meter und einer Tiefe von 0,25 Meter in den Panzer-Pionierkompanien eingesetzt. Andere Kampfpanzer übernehmen dabei die Sicherung. Beim Räumvorgang trommeln rotierende Ketten mit Stahl-Klöppeln, die an einer klappbaren Räumvorrichtung angebracht sind, auf den Boden vor dem Panzer und bringen die Minen zur Explosion. Die Geschwindigkeit des Räumvorgangs richtet sich je nach Bodenbeschaffenheit und liegt bei 0,5 km bis 4,5 km pro Stunde.

Typ		Minenräumpanzer M 48A0 Keiler
Hersteller		General-Motors-Corp. Umrüstung durch MaK
Herstellerland		USA / Deutschland
Gefechtsgewicht	**kg**	53000
Länge in Marschf.	**mm**	8950
Breite	**mm**	3760
Höhe	**mm**	3800
Motortyp		MTU MB 871 Ka-501
Hubraum	**ccm**	25280
Leistung	**kW/PS**	818 / 1112
Steigfähigkeit	**%**	60
Höchstgeschw.	**km/h**	48
Kraftstoffvorrat	**ltr**	1111
Verbr.	**ltr/100 km**	320
Fahrber. Straße	**km**	350
Besatzung		2
Bewaffnung		ohne

Der 53 Tonnen schwere Keiler wird von Rheinmetall Landsysteme gebaut und verfügt über einen Achtzylinder-Motor von MTU. Seine Bewährungsprobe legte der Keiler in Somalia ab.

Minenwerfer Scorpion M 548

Das Transportfahrzeug M 548 A1GE für das Minen-Schnellverlegesystem (Scorpion) wurde zwischen 1981/82 in einer Stückzahl von 300 Fahrzeugen beschafft. Das System wird bei Pioniereinheiten eingesetzt und ist in der Lage, innerhalb von zehn Minuten 600 Minen auf einer Fläche von 1500 m Länge und 60 m Breite auszulegen. Die Basis bildet ein M 113-Trägerfahrzeug sowie ein abnehmbares Gestell mit sechs drehbaren Werfern, die wiederum fünf Magazine mit jeweils 30 Panzer-Abwehr-Minen vom Typ AT 2 aufnehmen und verlegen können. Natürlich kann das System auch andere Spezialminen aufnehmen. Das Minenverlegesystem Scorpion ist inzwischen über ein viertel Jahrhundert im Truppendienst, und ein Ende ist noch nicht abzusehen: Ein gleichwertiger Ersatz ist noch nicht gefunden.

Typ		Minenwerfer M 548 Skorpion
Hersteller		FMC / Scherer
Herstellerland		USA / Deutschland
Gefechtsgewicht	**kg**	11430
Länge	**mm**	5870
Breite	**mm**	2680
Höhe	**mm**	2750
Motortyp		Detroit Diesel 6V53
Hubraum	**ccm**	5220
Leistung	**kW/PS**	154 / 210
Steigfähigkeit	**%**	50
Höchstgeschw.	**km/h**	64 (Bw 40)
Kraftstoffvorrat	**ltr**	350
Verbr.	**ltr/100 km**	69
Fahrber. Straße	**km**	500
Besatzung		2
Bewaffnung		1 FlaMG 7,62 120 Minen pro Wurfeinrichtung

lePzH M 7 B2 PRIEST

Zur Erstausstattung der Panzerartillerieverbände der Bundeswehr gehörte die lePzH M 7 B2 (Priest). Deren Basis bildete die Wanne des Sherman-Panzers M 3, auf die ein offener, ungeschützter Kampfraum mit der US-Feldhaubitze 105 mm Typ M2A1 / L24 aufgesetzt worden war. Die lePzH war bereits Ende des Zweiten Weltkrieges in größeren Stückzahlen bei der US Army eingesetzt worden und auch in Korea im Einsatz. Insgesamt erhielt die Bundeswehr 127 Panzerhaubitzen aus Depotbeständen, die zwischen 1956 und 1960 im Truppendienst standen. Die Schussweite betrug ca. 10.400 m. Bereits bei Einführung der lePzH M 7 B 2 war klar, dass diese – weil technisch veraltet – nur eine Übergangslösung darstellen konnte. Ersetzt wurde die lePzH schon 1960 durch die moderneren lePzH M 44 und M 52. Der Einsatz erfolgte auf Brigade und Divisionsebene.

Typ		Panzerhaubitze M7B2
Hersteller		Federal Maschine and Welder Comp.
Herstellerland		USA
Gefechtsgewicht	**kg**	22600
Länge	**mm**	6300
Breite	**mm**	2840
Höhe üb. FlaMG	**mm**	2650
Motortyp		Ford GA-A
Hubraum	**ccm**	18000
Leistung	**kW/PS**	372 / 506
Steigfähigkeit	**%**	60
Höchstgeschw.	**km/h**	42
Kraftstoffvorrat	**ltr**	635
Verbr.	**ltr/100 km**	340
Fahrber. Straße	**km**	185
Besatzung		1 + 6
Bewaffnung		Haubitze 105mm L/24,5 FlaMG 12,7mm cal 50
Muni-Vorrat	**Schuss**	73

mPzH M 52

Als Ersatz für die veraltete Panzerhaubitze M 7 B (Priest) beschaffte die BW ab 1957 für ihre PzArtBtl die mittlere Panzerhaubitze M 52, die mit einer 105-mm-Haubitze M 49 ausgerüstet war. Die Haubitze befand sich in einem leicht gepanzerten, geschlossenen Turm, der sich um 120 Grad (+/– 60 Grad) nach jeder Seite richten ließ. Das Fahrgestell stammte vom Kampfpanzer M 41, war aber modifiziert worden: Leitrad abgesenkt, Motor nach vorne verlegt, ohne Erdsporn. Die Besatzung bestand aus sechs Soldaten; 102 Artilleriegranaten konnten mitgeführt werden. Die mPzH M 52 blieb bis etwa 1965 im Truppengebrauch und wurde danach von der moderneren Panzerhaubitze M 109 abgelöst.

Typ	le Panzerhaubitze M52
Hersteller	Detroit-Tank-Arsenal
Herstellerland	USA
Gefechtsgewicht kg	24500
Länge üb. Kanone mm	5650
Breite mm	3150
Höhe üb. FlaMG mm	3400
Motortyp	Continental AOS-895-3
Hubraum ccm	14681
Leistung kW/PS	316 / 430
Steigfähigkeit %	60
Höchstgeschw. km/h	56
Kraftstoffvorrat ltr	660
Verbr. ltr/100 km	400
Fahrber. Straße km	160
Besatzung	5
Bewaffnung	Haubitze 105mm 1 FlaMG 12,7mm
Muni-Vorrat Schuss	73

mPzH M 44

Zusammen mit der 105-mm-Haubitze wurde auch die Panzerhaubitze M 44 mit 155-mm-Kanone eingeführt, gemeinsam traten sie die Nachfolge der Panzerhaubitze M 7 B an, der ersten Haubitze der noch jungen Bundeswehr-Artillerieverbände. Wie beim M 52 diente die Wanne des Spähpanzers M 41 als Chassis. Überdies saß der Continental-Sechszylinder-Benziner, anders als bei der Panzerausführung, im Bug des Fahrzeugs. In dieser Form 1952 vorgestellt, hatte der M 44 einen oben offenen Kampfraum mit einer Haubitze 155 mm L/23 M45 samt Walzenblende. Die Schussweite betrug ca. 14.600 Meter. Größter Nachteil war der starre, leicht gepanzerte Kanonenturm, d.h. die Haubitze musste jeweils in Schussrichtung in Stellung gebracht werden, was dem Feind die Ortung erleichterte. Der Munitionsvorrat betrug 25 Granaten. Die Haubitze stand von 1958 bis 1965 im Truppeneinsatz und wurde durch die PzH M 109 (G) ersetzt.

Typ		Panzerhaubitze M 44
Hersteller		Detroit-Tank-Arsenals
Herstellerland		USA
Gefechtsgewicht	kg	28400
Länge üb. Kanone	mm	6170
Breite	mm	3230
Höhe üb. FlaMG	mm	3220
Motortyp		Continental AOS-895-3
Hubraum	ccm	14681
Leistung	kW/PS	316 / 430
Steigfähigkeit	%	60
Höchstgeschw.	km/h	56
Kraftstoffvorrat	ltr	610
Verbr.	ltr/100 km	385
Fahrber. Straße	km	158
Besatzung		1 + 4
Bewaffnung		Haubitze 155mm L/23 1 FlaMG 12.7mm cal 50
Muni-Vorrat	Schuss	24

sPzH M 55

Die schwere Panzerhaubitze M-55 mit ihrer 203-mm-Haubitze L/25 wurde nur in geringen Stückzahlen für die DivArtRgt der Bundeswehr beschafft beziehungsweise dort eingesetzt.
Im Dienst stand sie in den Jahren von 1956 bis 1966. Die sPzH M 55 nutzte das modifizierte Fahrgestell des Kampfpanzers M 48 mit diversen Umbauten und wurde zwischen 1955 und 1960 von der US-Firma Pacific Car and Foundry Group gefertigt. Größere Stückzahlen gingen an die US-Streitkräfte und andere Nato-Staaten. Das großkalibrige 203-mm-Geschütz war in einem um 60 Grad drehbaren Heckturm untergebracht. Um den Rückstoßeffekt beim Schuss zu minimieren, besaß die Panzerhaubitze am Heck zwei absenkbare Erdsporne. Zur Flugabwehr befand sich an der Turmluke ein 12,7-mm-MG. Die Nachfolge der M 55 traten die PzH M 107 und M 110 (175 bzw. 203 mm) an.

Typ		s Panzerhaubitze M 55
Hersteller		Pacific Car and Foundry Corp.
Herstellerland		USA
Gefechtsgewicht	**kg**	49000
Länge üb. Kanone	**mm**	7900
Breite	**mm**	3600
Höhe üb. FlaMG	**mm**	3500
Motortyp		Continental AV-1790-7B
Hubraum	**ccm**	29360
Leistung	**kW/PS**	595 / 810
Steigfähigkeit	**%**	60
Höchstgeschw.	**km/h**	56
Kraftstoffvorrat	**ltr**	?
Verbr.	**ltr/100 km**	?
Fahrber. Straße	**km**	250
Besatzung		6
Bewaffnung		Haubilze 203mm L/25 1 FlaMG 12,7mm cal.50
Muni-Vorrat	**Schuss**	10

sFh M 107 SF

Typ	Panzerkanone M 107
Hersteller	Food Maschinery Corp. + Bowen-McLaughlin-York + Pacific Car and Foundry Comp.
Herstellerland	USA
Gefechtsgewicht kg	28500
Länge üb. Kanone mm	11300
Breite mm	3150
Höhe mm	3450
Motortyp	Detroit Diesel 8V71T
Hubraum ccm	9298
Leistung kW/PS	262 / 356
Steigfähigkeit %	60
Höchstgeschw. km/h	55
Kraftstoffvorrat ltr	?
Verbr. ltr/100 km	?
Fahrber. Straße km	700
Besatzung	13 davon 5 im Panzer
Bewaffnung	Kanone 175mm L/60

Ab 1964 beschaffte die BW als Ersatz für die Panzerhaubitze M 55 wie auch der schweren Rohrartillerie (Rad) 150 Selbstfahrlafetten vom Typ M 107 und 80 Einheiten vom Typ M 110. Beide Typen nutzten das gleiche Grundfahrgestell – fünf Laufrollen, ein vorne liegendes Antriebsrad – der Pacific-Car and Foundry Company. Abgestützt über einen hydraulisch absenkbaren Erdsporn, wurde das 11,30 m lange Rohr der 175-mm-Haubitze von einer offenen Wiege gehalten. Die Feldkanone musste im Feldeinsatz längs der Schussrichtung in die vorbereitete Stellung fahren, da sich der Geschützaufsatz nicht drehen ließ. Da dies 10 km hinter der Hauptkampflinie erfolgen sollte, war das kein gravierender Nachteil. Überdies musste sowieso nach jedem Schuss die Stellung verlegt werden, um nicht von der feindlichen Aufklärung (Schallmessung) erkannt zu werden. Die Schussweite betrug 32 km.

sFH M 110 SF

Als Ersatz für die schwere Panzerhaubitze M 55 und die veralteten Artilleriegeschütze (Rad) 155 mm und 203 mm »Long Tom« beschaffte die BW 1964 insgesamt 80 Haubitzen des Typs M 110 mit dem 203-mm-Geschütz L/25. Das Chassis der M 110 SF samt Hydraulik-Richtanlage und Schaufelsporn war baugleich mit dem der schweren Feldkanone M 107. Die sFH M 110 hatte eine Reichweite von 16,8 km und konnte sowohl konventionelle als auch atomare Granaten verschießen. Wie beim M 107 war die Geschützlafette nicht drehbar, außerdem war der Aufbau ungepanzert. Kleine Besonderheit dieser Geschütze, die den FArtBtl der Division zugeordnet waren: Die Besatzungen gaben ihren Artilleriestücken Namen, die sie auf das Geschützrohr pinselten.

Typ		Panzerhaubitze M 110
Hersteller		Food Maschinery Corp. + Bowen-McLaughlin-York + Pacific Car and Foundry Comp.
Herstellerland		USA
Gefechtsgewicht	**kg**	26500
Länge üb. Kanone	**mm**	7480
Breite	**mm**	3150
Höhe	**mm**	2940
Motortyp		Detroit Diesel 8V71T
Hubraum	**ccm**	9298
Leistung	**kW/PS**	262 / 356
Steigfähigkeit	**%**	60
Höchstgeschw.	**km/h**	55
Kraftstoffvorrat	**ltr**	?
Verbr.	**ltr/100 km**	?
Fahrber. Straße	**km**	523
Besatzung		13 davon 5 im Panzer
Bewaffnung		Haubitze 203mm L/25

mPzH M 109 A1

Als Ersatz für die mittleren Panzerhaubitzen M 44 und M 52 beschaffte die BW (erstes Los ab 1964, zweites ab 1972) insgesamt 586 mittlere M 109-Panzerhaubitzen der US-Varianten M 109 A1 + A2. Das Radlaufwerk verfügte über Drehstabfederung, der Motor saß vorne rechts neben dem Fahrer. Die ersten Panzerhaubitzen entsprachen noch dem US-Standard, alle weiteren zulaufenden mPzH M 109 wurden vor der Auslieferung an die Truppe nach deutschen Spezifikationen umgerüstet. Außerdem wurde eine Nebelwurfmittelanlage (Becher) am gepanzerten Turm angebracht.

Typ	Panzerhaubitze M 109G
Hersteller	Allison + Bowen-McLaughlin-York + Pacific Car and Foundry Comp.
Herstellerland	USA
Gefechtsgewicht kg	24600
Länge üb. Kanone mm	6610
Breite mm	3150
Höhe mm	2790
Motortyp	Detroit Diesel 8V71T
Hubraum ccm	9298
Leistung kW/PS	262 / 356
Steigfähigkeit %	60
Höchstgeschw. km/h	55
Kraftstoffvorrat ltr	510
Verbr. ltr/100 km	156
Fahrber. Straße km	350
Besatzung	6
Bewaffnung	Haubitze 155mm L/23 1 FlaMG 7,62mm

Die eingebaute Kanone erhielt einen verbesserten Verschluss und eine neue Mündungsbremse, das Browning-MG wich einem MG3. Diese Maßnahmen erhöhten die Schussweite auf 18,5 km (+ 3.800 m), das Gefechtsgewicht stieg auf insgesamt 24,4 Tonnen. Außerdem wurden die BW-Haubitzen auf Dieselmotoren umgestellt.

mPzH M 109 A3 GE A1

Nach fast 20 Jahren im Truppeneinsatz lief die Ersatzteil-Versorgungsgarantie der Herstellerfirma aus. Die Anfang der 80er Jahre in Angriff genommene Kampfwertsteigerung und Nutzungsdauerverlängerung erfolgte bei der deutschen Firma Rheinmetall. Das Maßnahmenpaket der »Germanisierung« (was sich als GE in der Typbezeichnung niederschlug) sah den Einbau des Rohres der gezogenen Feldhaubitze FH 155 mm vor, des weiteren eine Kapazitätssteigerung der Kampfbeladung von 28 auf 34 Schuss sowie die Einbeziehung in das damalige System der Feuerleitmittel-Artillerie. Die Schussweite betrug nach der Umrüstung 25 km, mit der reichweitegesteigerter Munition sogar bis zu 30 km. Die umgerüsteten Fahrzeuge erhielten die Typbezeichnung M 109 A3 GE A1. Im Zeitrahmen von 1986 bis 1991 wurden alle PzH auf diesen Standard gebracht.

Typ		Panzerhaubitze M 109A3GEA1
Hersteller		Allison + Bowen-McLaughlin-York + Pacific Car and Foundry Comp.
Herstellerland		USA / Umrüstung durch Firma Rheinmetall (Deutschland)
Gefechtsgewicht	**kg**	26565
Länge üb. Kanone	**mm**	8930
Breite	**mm**	3176
Höhe	**mm**	3300
Motortyp		Detroit Diesel 8V71T
Hubraum	**ccm**	9298
Leistung	**kW/PS**	262 / 356
Steigfähigkeit	**%**	60
Höchstgeschw.	**km/h**	43
Kraftstoffvorrat	**ltr**	510
Verbr.	**ltr/100 km**	156
Fahrber. Straße	**km**	350
Besatzung		6
Bewaffnung		Haubitze 155mm L/38 1 FlaMG 7,62mm

mPzH M 109 A3 GE A2

Ende der 90er Jahre entschieden die Führungsstäbe, die M 109 einer weiteren Nutzungsdauerverlängerung zu unterziehen: Die verbliebenen Fahrzeuge sollten zumindest bis zum Jahr 2005 im Einsatz gehalten werden, später wurde dann als neuer Termin das Jahr 2008 genannt. Im Februar 2000 rollte das erste Fahrzeug aus dem Heeresinstandhaltungswerk 860 in St. Wendel. Von den einstmals 586 Fahrzeugen wurden letztendlich 262 mPzH auf den Standard M 109 A3 GE A2 umgerüstet. Die wichtigste Umrüstmaßnahme betraf den Kommunikationssektor, so war der Datenaustausch innerhalb des IFAB-Systems möglich und die Vernetzung mit dem damaligen neuen Datenverbund ADLER. Nach der Jahrtausendwende erfolgte die schrittweise Ablösung der M 109 durch die sPzH 2000; bis 2008 sollen die letzten mPzH M 109 endgültig ausgesondert werden.

Typ		Panzerhaubitze M 109A3GEA2
Hersteller		Allison + Bowen-McLaughlin-York + Pacific Car and Foundry Comp.
Herstellerland		USA / Umrüstung durch Firma Rheinmetall (Deutschland)
Gefechtsgewicht	**kg**	26565
Länge üb. Kanone	**mm**	9160
Breite	**mm**	3176
Höhe	**mm**	3300
Motortyp		Detroit Diesel 8V71T
Hubraum	**ccm**	9298
Leistung	**kW/PS**	262 / 356
Steigfähigkeit	**%**	60
Höchstgeschw.	**km/h**	43
Kraftstoffvorrat	**ltr**	510
Verbr.	**ltr/100 km**	156
Fahrber. Straße	**km**	350
Besatzung		6
Bewaffnung		Haubitze 155mm L/38 1 FlaMG 7,62mm

PzH 2000

Nach zehnjähriger Entwicklungszeit bekam 1990 das Konsortium Wegmann & Co (Kassel), Krupp MaK (Kiel) und Rheinmetall den Zuschlag zum Bau von 185 Panzerhaubitzen 2000. Die Bewaffnung, bestehend aus einer 155 mm L/52 Haubitze mit 30 km Schussweite, wurde in einem drehbaren Panzerturm eingebaut. Die erste Panzerhaubitze aus Serienfertigung verließ im Juli 1998 die Montagehalle der Firma Wegmann (Kassel). Die Bundeswehr-Produktion wurde Ende 2002 mit der 185sten Panzerhaubitze beendet, jedoch konnten noch Aufträge anderer Nato-Partner (u.a. Griechenland) abgewickelt werden. Die Panzerhaubitze 2000 ersetzte bei den Artillerieverbänden die Selbstfahrlafette M 110, die Feldhaubitze 155-1 und die Panzerhaubitze M 109 A3 GE A1 (Ausmusterung 2007/2008).

Fotos: Krauss-Maffei Wegmann & Co. KG

Typ		Panzerhaubitze 2000
Hersteller		Krauss-Maffei Wegmann
Herstellerland		Deutschland
Gefechtsgewicht	**kg**	55500
Länge üb. Rohr	**mm**	11669
Breite	**mm**	3530
Höhe	**mm**	3433
Motortyp		MT 881 Ka-500
Hubraum	**ccm**	18300
Leistung	**kW/PS**	736 / 1000
Steigfähigkeit	**%**	50
Höchstgeschw.	**km/h**	62
Kraftstoffvorrat	**ltr**	1000
Verbr.	**ltr/100 km**	ca. 240
Fahrber. Straße	**km**	420
Besatzung		5
Bewaffnung		1 Kanone 155 L/52 1 Fla-MG 7,62mm

M 752 LANCE

Das Waffensystem LANCE, als Nachfolgesystem für die Boden-Boden Raketensysteme Honest-John und Sergeant vorgesehen, bestand aus dem Startfahrzeug (Kette) Typ M 752, dem abnehmbaren Startergestell M 782 und dem Ladefahrzeug M 688. Die Systembasis bildete wiederum der unverwüstliche M 113, dessen Laufwerk elektrisch-hydraulisch verriegelt werden konnte. Das unterdrückte die Federbewegungen an den Laufrollenschwingarmen und sorgte für eine höhere Stabilität beim Schuss. Die von 670 kg Flüssigtreibstoff angetriebene Artillerierakete konnte entweder mit einem konventionellen oder atomaren Gefechtskopf bestückt werden. Die Reichweite betrug, je nach Gefechtskopf, zwischen 75 und 130 km. Die abgeschossene Rakete erreichte dabei Überschallgeschwindigkeit. Die Bundeswehr beschaffte 26 Werfersysteme mit insgesamt 175 Raketen.

Typ		Artillerieraketensystem Lance M 752
bestehend aus		M667 Trägerfahrzeug / M782 Startgestell
Hersteller		Vought Corp. Michigan
Herstellerland		USA
Gefechtsgewicht	**kg**	10700
Länge	**mm**	6580
Breite	**mm**	2690
Höhe	**mm**	2740
Motortyp		Detroit Diesel 6V53
Hubraum	**ccm**	5220
Leistung	**kW/PS**	154 / 210
Steigfähigkeit	**%**	60
Höchstgeschw.	**km/h**	64
Kraftstoffvorrat	**ltr**	454
Verbr.	**ltr/100 km**	69
Fahrber. Straße	**km**	650
Besatzung		6

Das System LANCE wurde nach 1985 schrittweise ausgesondert und durch den Raketenwerfer MARS ersetzt.

M 688 LANCE

Typ		Artillerieraketensystem Lance M 668 / Transportfahrzeug
Hersteller		Vought Corp. Michigan
Herstellerland		USA
Gefechtsgewicht	**kg**	11685
Länge	**mm**	6580
Breite	**mm**	2690
Höhe	**mm**	2740
Motortyp		Detroit Diesel 6V53
Hubraum	**ccm**	5220
Leistung	**kW/PS**	154 / 210
Steigfähigkeit	**%**	60
Höchstgeschw.	**km/h**	64
Kraftstoffvorrat	**ltr**	454
Verbr.	**ltr/100 km**	69
Fahrber. Straße	**km**	650
Besatzung		2
Bewaffnung		2 Flugkörper

Zum Waffensystem LANCE gehörte auch das Lade- und Transportfahrzeug M 688. Bestückt mit einem 1,8-t-Ladekran und einer Verzurreinrichtung, konnten zwei Flugkörper, die entweder teil- oder fertigmontiert waren, transportiert werden. Beim Verladevorgang fuhr das Fahrzeug neben das Werferfahrzeug und setzte mittels Kran den Flugkörper auf die Startvorrichtung. Die Bedienung des kompletten Systems erforderte sieben Soldaten. Rund eine halbe Stunde dauerte die Herstellung der Einsatzbereitschaft. Zum Waffensystem gehörte ein Lastwagen-Tross, der mit Treibstoffbehältern, Pumpen, Spezialwerkzeugen, Containern, Prüfsystemen etc. beladen war und für die Einsatzbereitschaft und den Nachschub der Raketenverbände sorgte.

M 993 MARS

Als LANCE-Ersatz beschaffte die BW nach 1989/90 insgesamt 154 mittlere Raketenwerfersysteme M 993 (BW-Bezeichnung: MARS). Die technische Basis bildet das modifizierte Kettenfahrzeug des US-Schützenpanzers Bradley M 2 der Firma FMC mit aufgesetztem Mehrfachraketenwerfer mit 2 x 6 Abschussrohren. Das System wurde von einer Europäischen Produktionsgemeinschaft (EPG) in US-Lizenz gebaut und an verschiedene Nato-Staaten geliefert.

Typ		Raketenwerfer M 993 MARS
Hersteller		FMC / EPG-München
Herstellerland		USA / Deutschland
Gefechtsgewicht	**kg**	26600
Länge	**mm**	7070
Breite	**mm**	3100
Höhe	**mm**	2920
Motortyp		Cummings Engine VTA903T
Hubraum	**ccm**	14901
Leistung	**kW/PS**	373 / 500
Steigfähigkeit	**%**	60
Höchstgeschw.	**km/h**	64
Kraftstoffvorrat	**ltr**	617
Verbr.	**ltr/100 km**	130
Fahrber. Straße	**km**	480
Besatzung		3
Bewaffnung		2x6 Raketen

Das autonome, voll mobile Raketensystem kann innerhalb von zwei Minuten die Feuerbereitschaft herstellen. Die in zwei Sechserpaketen gelagerten Artillerieraketen (drei verschiedene Typen können verschossen werden) haben eine Reichweite von 10 bis 40 km. Der Start erfolgt aus containerartigen Transport- und Abschussbehältern. Das System ist hoch mobil. Für Auslandseinsätze wurden 23 dieser Flächenwaffen zur Luftverlastung (MRLS) umgerüstet, zwischenzeitlich jedoch wieder aus der Nutzung genommen. Das Raketensystem steht nach wie vor im Einsatz bei der BW.

Foto: Krauss-Maffei Wegmann & Co. KG

Y-827 342

Y-827 364

M 109

Zur Ausbildung von Panzerfahrern für die M 109-Panzerhaubitze standen neben Simulatoren auch zwei verschiedene Fahrschulpanzer zur Verfügung. Der erste war nicht mehr als eine Notlösung, entstanden auf dem Fahrgestell einer Panzerhaubitze und der Fahrerkabine eines Munitionslastwagens vom Typ FAUN 15 ton. Dessen Kabine befand sich auf dem Turmdrehring. Eine Rohrattrappe hatte diese Fahrschulhaubitze nicht. Da von Anfang an nur als Übergangslösung konzipiert, nahm man dieses Fahrzeug relativ schnell wieder aus der Nutzung und ersetzte es durch den Fahrschulpanzer M 109 A3 GE A1.

Typ	Panzerhaubitze M 109G Fahrschule
Hersteller	Allison + Bowen-McLaughlin-York + Pacific Car and Foundry Comp. + KuKa
Herstellerland	USA / Deutschland
Gefechtsgewicht kg	23500
Länge üb. Kanone mm	ca. 6000
Breite mm	3150
Höhe mm	2790
Motortyp	Detroit Diesel 8V71T
Hubraum ccm	9298
Leistung kW/PS	262 / 356
Steigfähigkeit %	60
Höchstgeschw. km/h	50
Kraftstoffvorrat ltr	510
Verbr. ltr/100 km	156
Fahrber. Straße km	350
Besatzung	2
	Fahrschulkabine

M 109 A3 GE A1

Typ		Panzerhaubitze M 109A3GEA1 Fahrschule
Hersteller		Chrysler / KuKa
Herstellerland		USA / Deutschland
Gefechtsgewicht	kg	23940
Länge üb. Kanone	mm	9160
Breite	mm	3180
Höhe	mm	3300
Motortyp		Detroit Diesel 8V71T
Hubraum	ccm	9298
Leistung	kW/PS	262 / 356
Steigfähigkeit	%	60
Höchstgeschw.	km/h	43
Kraftstoffvorrat	ltr	510
Verbr.	ltr/100 km	156
Fahrber. Straße	km	350
Besatzung		2
		Fahrschulkabine vom Leopard 1 mit Rohrattrappe

Anders als der Vorgänger, verfügte dieser Fahrschulpanzer über eine Rohrattrappe. Die Basis bildete natürlich wiederum das Fahrgestell des M 109, auf das man anstelle des Turms eine bereits vorhandene, überzählige Kabine eines Leopard 1-Fahrschulpanzers setzte. An die Gegebenheiten der PzH M 109 angelehnt, wurde an die Fahrerkabine eine Rohrattrappe befestigt, um dem Fahrer das Gefühl einer PzH mit all ihren Eigenschaften zu geben. Im Fahrbetrieb hat der Fahrlehrer sowohl auf die Bremse als auch auf die Lenkung Zugriff. Die Kabine bietet Platz für den Fahrlehrer und einem weiteren Fahrschüler, normalerweise sind bei einer M 109-Haubitze sechs Soldaten an Bord. In Feuerstellung gehören sogar noch zwei weitere zur Gruppe, die mit dem Vorkommando unterwegs sind. Die sonstigen Daten entsprechen dem Typzustand des M 109 A3 GE A1. Mit Aussonderung der mPzH M 109 werden auch die Fahrschulpanzer ausgesondert werden.

M 113

Um Kosten zu sparen und das Material zu schonen, entwickelte man beim Heer schon relativ früh einen eigenen Fahrschulpanzer. Der Fahrschulpanzer M 113 der ersten Generation nutzte das Fahrgestell des MTW 113 1A1, auf das eine Glaskabine für den Fahrlehrer aufgesetzt wurde. Dieser hatte so die Möglichkeit, mittels der so genannten Übersteuerungseinrichtung Einfluss auf das Fahrverhalten des Fahrschülers zu nehmen. Dieser Fahrschulpanzer entstand jedoch nur in kleiner Stückzahl.

Typ		Fahrschulpanzer M 113
Hersteller		FMC / FFG
Herstellerland		USA / D
Gefechtsgewicht	kg	11300
Länge	mm	4870
Breite	mm	2690
Höhe	mm	3140
Motortyp		GMC Diesel 6V53
Hubraum	ccm	5520
Leistung	kW/PS	154 / 210
Steigfähigkeit	%	60
Höchstgeschw.	km/h	50
Kraftstoffvorrat	ltr	305
Verbr.	ltr/100 km	69
Fahrber. Straße	km	400
Besatzung		1 + 1

M 113 G2 GE

Als Nachfolgemodell wurde der Typ M 113 G2 AE beschafft und bei den Fahrschulkompanien zur Ausbildung von Panzerfahrern eingesetzt. Charakteristisch für diesen Fahrschulpanzer ist die auf das Wannenoberteil aufgesetzte Kabine des Leopard-1-Fahrschulpanzers. In der verglasten Kabine finden neben dem Fahrlehrer zwei weitere Fahrschüler Platz. Wie schon der Vorgänger ist auch der G2 GE mit einer sogenannten Übersteuerungsanlage ausgestattet. Diese Fahrzeuge sparten bei der Fahrerausbildung erhebliche Kosten ein. Inzwischen wird ein Großteil der Fahrschul-Ausbildung vermehrt auch in EDV-gestützten Simulationsanlagen durchgeführt.

Typ		Fahrschulpanzer M 113 A1GE
Hersteller		FMC / FFG
Herstellerland		USA / D
Gefechtsgewicht	kg	11800
Länge	mm	4870
Breite	mm	2690
Höhe	mm	2800
Motortyp		GMC Diesel 6V53
Hubraum	ccm	5520
Leistung	kW/PS	154 / 210
Steigfähigkeit	%	60
Höchstgeschw.	km/h	64
Kraftstoffvorrat	ltr	360
Verbr.	ltr/100 km	69
Fahrber. Straße	km	400
Besatzung		1 + 3

MARS

Zur MARS-Fahrerausbildung wurden Anfang der 90er Jahre vier Fahrschulpanzer beschafft. Der Fahrschulpanzer hat anstatt des Werfers eine Gewichtsattrappe, die in Pritschenform mit Plane auf dem Chassis des Kettenfahrzeuges montiert ist. Die Fahrerkabine besteht im Gegensatz zur gepanzerten Originalkabine lediglich aus ungepanzertem Stahlblech, außerdem bieten die vergrößerten Fensterflächen bessere Sicht. Neben dem Fahrlehrer ist noch ein weiterer Fahrschüler in der Kabine untergebracht. Die Fahrschulpanzer erbringen eine nicht unbeträchtliche Kostenersparnis, da die teuren Werfer geschont bzw. für den Einsatz freigehalten werden können.

Typ		Fahrschulpanzer MARS
Hersteller		FMC / Thyssen-Henschel
Herstellerland		USA / Deutschland
Gefechtsgewicht	**kg**	26600
Länge	**mm**	7070
Breite	**mm**	3100
Höhe	**mm**	2920
Motortyp		Cummings Engine VTA903T
Hubraum	**ccm**	14901
Leistung	**kW/PS**	373 / 500
Steigfähigkeit	**%**	60
Höchstgeschw.	**km/h**	64
Kraftstoffvorrat	**ltr**	617
Verbr.	**ltr/100 km**	130
Fahrber. Straße	**km**	480
Besatzung		3
Bewaffnung		ohne
Erkennungsmerkmal		Gewichtsattrappe in Pritschenform

Jaguar 1

Die Bundeswehr verfügte über einen großen Bestand an Raketenjagdpanzern, für die die Truppe natürlich auch in ausreichendem Maße Fahrer benötigte. Daher wurden für diese Zwecke entsprechende Fahrschulpanzer beschafft. Dabei handelte es sich um abgerüstete Jaguar-Typen mit einer Fahrschulkabine, die sich bereits beim Schützenpanzer Marder 1 bewährt hatte. Großzügig verglast, genoss der Ausbilder Schutz vor Witterungseinflüssen und hatte die Möglichkeit, seinen Fahrschüler während der Fahrt im Gelände zu beobachten. Natürlich hatte der Fahrlehrer durch die Übersteuerungsanlage jederzeit die Möglichkeit, in das Fahrgeschehen einzugreifen um Schäden von Mensch und Material abzuwenden.

Typ		Jaguar 1 Fahrschule
Hersteller		Henschel
Herstellerland		Deutschland
Gefechtsgewicht	**kg**	25500
Länge üb. Rohr	**mm**	6610
Breite	**mm**	3120
Höhe	**mm**	
Motortyp		MTU MB837 Aa500
Hubraum	**ccm**	22440
Leistung	**kW/PS**	368 / 500
Steigfähigkeit	**%**	58
Höchstgeschw.	**km/h**	70
Kraftstoffvorrat	**ltr**	470
Verbr.	**ltr/100 km**	120
Fahrber. Straße	**km**	390
Besatzung		3

Leopard 1

Auf Basis des Kampfpanzers Leopard 1 wurde für die Ausbildung von Panzerfahrern ein Fahrschulpanzer entwickelt und eingeführt. Der Fahrlehrer saß in einer Fahrschulkabine, die den Turm des Leopard 1 ersetzte. Damit der Fahrschüler beim Fahren das Gewicht des Kampfpanzers spürte bzw. das Gefühl hatte, mit einem echten Kampfpanzer zu fahren, wurde unter der Fahrschulkabine ein Ballastring und als Attrappe ein nachempfundenes Kanonenrohr aufgesetzt. Von 1978 bis 1979 erhielten die Ausbildungskompanien insgesamt 60 Leopard-1-Fahrschulpanzer.

Typ		Leopard 1 Fahrschule
Hersteller		Krauss-Maffei
Herstellerland		Deutschland
Gefechtsgewicht	**kg**	42400
Länge üb. Kanone	**mm**	9540
Breite	**mm**	3410
Höhe üb. FlaMG	**mm**	2620
Motortyp		MB 838CaM-500
Hubraum	**ccm**	37330
Leistung	**kW/PS**	610 / 830
Steigfähigkeit	**%**	60
Höchstgeschw.	**km/h**	64
Kraftstoffvorrat	**ltr**	955
Verbr.	**ltr/100 km**	180
Fahrber. Straße	**km**	530
Besatzung		2
Bewaffnung		105mm L/51 1 koaxiales-MG 7,62mm 1 Fla-MG 7,62mm
Erkennungsmerkmal		Gussturm mit Verstärkung

Leopard 2

Um die ständig steigenden Kosten bei der Fahrerausbildung zu minimieren, setzt die Bundeswehr verstärkt auf die elektronische Ausbildung. Fahr- und Schießsimulatoren mit ihrer realistischen Darstellung sind heute primäre Ausbildungshilfen für die Panzerbesatzungen. Das schont die teueren Panzer, auch wenn es ohne Ausbildungsfahrten mit dem realen Gerät nicht geht. So wurde eine Anzahl von Leopard 2 zu Fahrschulpanzern umgebaut. In die Kabine passen neben dem Lehrer zwei Fahrschüler. Wie schon seit Jahrzehnten üblich, hat der Fahrlehrer die Möglichkeit, falls erforderlich blitzschnell in den Fahrbetrieb einzugreifen und während der Fahrt die Kontrolle zu übernehmen. Zur realistischen Darstellung und um den Fahrschüler das Gefühl eines Kampfpanzers zu geben, wurde die Kabine mit einer Kanonenattrappe versehen.

Typ		Leopard 2A4 Fahrschule
Hersteller		MaK / Krauss-Maffei
Herstellerland		Deutschland
Gefechtsgewicht	**kg**	55150
Länge üb. Rohr	**mm**	9670
Breite	**mm**	3750
Höhe	**mm**	2760
Motortyp		MTU MB873Ka501
Hubraum	**ccm**	47600
Leistung	**kW/PS**	1104 / 1500
Steigfähigkeit	**%**	60
Höchstgeschw.	**km/h**	68
Kraftstoffvorrat	**ltr**	1160
Verbr.	**ltr/100 km**	340
Fahrber. Straße	**km**	340
Besatzung		1 Fahrlehrer 3 Schüler
Funkanlage		SEM 80/90

Marder

Mit Einführung des SPz Marder 1 wurden zur Ausbildung der Panzerfahrer auch einige Fahrschulpanzer beschafft. Da zu dieser Zeit sowohl die optische Computerdarstellung, als auch die Simulationstechnik noch nicht ausgereift waren, wurde zu Beginn der Fahrschulausbildung auf dem Schützenpanzer Marder 1 die Fahrpraxis auf herkömmlich Art vermittelt. Wie schon beim Leopard 1 und 2 wurde der Turm entfernt und durch eine Kabine mit Ballastring ersetzt, darüber hinaus wurde eine Übersteuerungsanlage für den Fahrlehrer eingebaut. Mit Einführung des Marder 1A3 wurden auch sämtliche Fahrschulpanzer Marder 1A1 auf den Stand des Marder 1A3 gebracht. Von außen war dieser Umrüstvorgang nicht zu erkennen, das Bild zeigt einen Fahrschulpanzer Marder 1A3.

Typ		Marder 1A1 Fahrschule	Marder 1A3 Fahrschule
Hersteller		Rheinstahl-Henschel / Atlas-Mak	Henschel-Wehrtechnik
Herstellerland		Deutschland	
Gefechtsgewicht	**kg**	28200	33500
Länge üb. Rohr	**mm**	6790	6880
Breite	**mm**	3240	3380
Höhe über LKR	**mm**	3270	3290
Motortyp		MB 833 Ea-500	
Hubraum	**ccm**	22400	
Leistung	**kW/PS**	440 / 600	
Steigfähigkeit	**%**	60	
Höchstgeschw.	**km/h**	75	65
Kraftstoffvorrat	**ltr**	650	650
Verbr.	**ltr/100 km**	120	130
Fahrber. Straße	**km**	540	500
Besatzung		3	

Wiesel 1

Typ		Wiesel 1 Fahrschule
Hersteller		MaK
Herstellerland		Deutschland
Gefechtsgewicht	**kg**	3000
Länge	**mm**	3615
Breite	**mm**	1840
Höhe	**mm**	2310
Motortyp		VW 5 Zyl. Dieselmotor
Hubraum	**ccm**	1994
Leistung	**kW/PS**	64 / 87
Steigfähigkeit	**%**	60
Höchstgeschw.	**km/h**	75
Kraftstoffvorrat	**ltr**	80
Verbr.	**ltr/100 km**	28
Fahrber. Straße	**km**	280
Besatzung		3

Bis zur Einführung der Fahrschul-Wiesel im Jahre 2004 absolvierten die Fahrschüler ihre Stunden auf dem M113 und wurden anschließend bei den Einheiten auf den Wiesel umgeschult bzw. eingewiesen. Da aber ein erhöhter Bedarf an Wiesel-Fahrern bestand (und noch besteht), wurde Krauss-Maffei Wegmann mit der Umrüstung eines Wiesel 1 TOW zum Fahrschulpanzer beauftragt. Die Umrüstung erfolgte nach dem bekannten Muster, also dem Entfernen der Waffenanlage und dem Aufsetzen einer Fahrschulkabine, die Platz für zwei weitere Personen schafft. Der Fahrlehrer hat so einen freien Blick auf die Straße bzw. das Gelände, wobei er bei Fahrfehlern durch die hydraulisch-elektrische Übersteuerungsanlage in den Ablauf eingreifen kann. Bis 2005 wurden 24 Fahrzeuge an die Kraftfahrerausbildungszentren Kette (KfAusbZ) geliefert.

PzH 2000

Die Firma MaK (Kiel) lieferte 1999 drei Fahrschulpanzer PzH 2000 zu Ausbildungszwecken an die Bundeswehr. Wie beim Leopard 2 Fahrschulpanzer wurde die Waffenanlage entfernt und dafür eine nicht drehbare Fahrschulkabine mit Rohrattrappe aufgesetzt. Neben dem Fahrschüler, der in der Fahrzeugwanne auf dem Fahrersitz seinen Platz findet, haben in der Fahrschulkabine der Fahrlehrer und ein Prüfer oder bei Bedarf ein weiterer Fahrschüler Platz. Durch die Übersteuerungsanlage kann der Fahrlehrer jederzeit in das Fahrgeschehen eingreifen.

Typ		Panzerhaubitze 2000 Fahrschule
Hersteller		Krauss-Maffei Wegmann
Herstellerland		Deutschland
Gefechtsgewicht	**kg**	55500
Länge üb. Rohr	**mm**	11669
Breite	**mm**	3530
Höhe	**mm**	3433
Motortyp		MT 881 Ka-500
Hubraum	**ccm**	18300
Leistung	**kW/PS**	736 / 1000
Steigfähigkeit	**%**	50
Höchstgeschw.	**km/h**	62
Kraftstoffvorrat	**ltr**	1000
Verbr.	**ltr/100 km**	ca. 240
Fahrber. Straße	**km**	420
Besatzung		3